JN017523

これからの
海洋学
水の惑星のリテラシー

横瀬久芳 [著]

朝倉書店

はじめに
水の惑星のリテラシー

　近年の科学技術の発達に伴って，地球の姿を人工衛星の画像で見る機会も増えてきました．2022年に運用が開始された『ひまわり9号』の映像により，インターネットを通してほぼリアルタイムで地球の様子を観察することができます．そのような地球の画像を眺めていると，暗黒の宇宙に浮かぶ"ブルー・プラネット"や"ザ・ブルー・マーブル"というNASAの表現がしっくりきます．

　衛星画像の青く見えている部分が海洋であり，そこで繰り広げられる出来事を解明する学問が海洋学となります．そのため海洋学は，天文学，化学，物理学，地学，生物学，社会科学，工学や歴史学等を分野横断的に検討する総合科学と位置づけられております．残念ながら日本では馴染みの薄い海洋学なのですが，欧米では数百ページにもおよぶ立派な教科書が多数出版されています．

　そのような海洋学先進国の欧米であっても，海洋教育が十分行われているわけではありません．人類が及ぼす海洋や地球環境への悪影響が科学的に明らかになるにつれて，アメリカ海洋学教育者協会は，若い世代へ向けた海洋教育の必要性を痛感していました．そこで，2004年に"海洋リテラシー"という言葉をつくり出し，幼稚園から高校卒業までの間の標準的科学教育に海洋科学教育が必要であることを現在も発信し続けています．今では海洋リテラシーという言葉は，アメリカ海洋大気庁やユネスコの政府間海洋学委員会でも使用され，その重要性が認識されています．

　そもそも，この"リテラシー"という言葉は，単に「読み書きできる能力」を意味していましたが，現代のような情報化社会では，様々な電子媒体によって提供される情報を読み解き，活用し，コミュニケーションできる能力を有するという意味合いが強くなりました．

　"海洋リテラシー"の場合は，「海洋と人々が相互に影響をしあっていることを理解する能力」とユネスコでは定義しています．その上で海洋リテラシーを享受した人々は，人類にとって海洋が重要であることを認識でき，海洋に寄り添いながら生活できる人々と見なされます．2015年に出版した拙書『はじめて学ぶ海洋学』は，おおむね上記のような海洋リテラシーの理念を網羅していました．

　しかし，私たちの住む惑星環境や私たち自身の未来を考える上で，海洋という視点だけでは不十分であり，それらをより単純に考える上で水という視点で再整

理することがとても重要であるとの結論に達しました．つまり，海洋自身はそれを示す一部なのだと感じたのです．実際，地球大気に視点を移すと，多くの雲が地球を覆っていることは自明です．それらの雲からは，雨や雪が降ってくることを皆さんは日々の生活で体感されていることでしょう．つまり，私たちの生活圏は，水に包まれた"水の惑星"といえます．このように，地球環境を理解し，人類の持続的な存続を可能にするためには，水の挙動に支配された地球という視点から，地球環境システムを整理し，"水の惑星"に関するリテラシー（知識と理解力）を育むことが今後必須になると考えました．そこで前著の『はじめて学ぶ海洋学』を大幅に書き換え，本書の誕生となりました．

　本書は，事実の羅列を主体とした"教科書"ではなく，相互の因果関係に力点を置いた構成を心がけました．第1章の「宇宙を旅する水の惑星」では，水の惑星が宇宙空間でどのように発生し，現状に至っているのかを解説します．第2章の「水の相変化がもたらす海洋と大気の循環」では，水が状態変化しながら地球上を循環し，それに伴って大気と海水の循環が発生していることを解説します．第3章の「水の惑星の生物圏」では，水によって育まれる地球の生物圏について記述し，生物の存在と地球大気の関連を考えます．第4章の「光が届かない深海の世界」では，深海の物理的な環境とそこに住む深海魚の特徴について述べています．第5章の「海を越えて世界に広がる人類」では，世界中に生息域を広げていった人類の足跡を辿り，人類が海と無縁ではないことを示します．第6章の「水の惑星の現状と課題」では，科学的根拠に基づく妥当な予測が絶滅に突き進む人類の状況を示していることを解説します．また全面カラー化に伴って，重要な専門用語等を緑色で示し，ポイントの整理に役立つよう工夫しました．

　第1章～第5章で習得した知識に基づけば，第6章で述べられている内容の必然性をご理解いただけるものと期待しております．紙面の関係で各章は短く記述しておりますが，内容に興味をおもちになられて，詳しくお知りになりたい方のために，文献欄で詳細情報を提供しています．是非ご活用ください．

　本書を通して，健全な水の惑星を復活させるためのフレームワークを若い世代の人々が習得できることを期待しています．そして水の惑星が，SF小説のような滅亡の危機から回避できることを願っております．

2023年7月

横　瀬　久　芳

目　　次

― 第 **1** 章 ―

宇宙を旅する水の惑星

● 地球と太陽系の成り立ち（核融合反応，46 億年，138 億年）
● 地球は宇宙空間を移動中（宇宙マイクロ波背景放射）
● 地球表層部の成り立ち（大陸移動説，プレートテクトニクス）
● 地球表層部は太陽放射がエネルギー源（太陽放射，地球放射）
● 太陽放射と大気の相互作用（温室効果ガス，異核分子，光の吸収）
● 地球環境における水の三態（水素結合，相変化，気化熱）

・・・

　地球は広大な宇宙空間を旅し続ける，宇宙船〝水の惑星〟号であります．この宇宙船には，海洋という恒温化装置が付いていて，大気という保護膜で宇宙空間と隔てられています．広大な宇宙空間に生まれた地球は，太陽系のみならず宇宙誕生からの記憶が物質に刻まれています．この水の惑星号に住む生物群の生命維持装置は，主に太陽放射エネルギーでまかなわれます．そして，船内のエネルギー変換や物質循環において水分子の水素結合が重要な役割を担います．このようにして，地球表層部におけるエネルギーの不均質性が是正され，過ごしやすい環境が維持されます．

1.1　水の惑星の生い立ち

a. 宇宙の誕生と地球の物質

　私たちの生活は，約 −270℃ の暗黒の宇宙空間を旅する宇宙船のように思えます（図 1-1）．この状況は，極寒の冷凍庫内で，強力なハロゲンヒーターにあたっている地球が想像できれば容易に理解できることでしょう．大事なことは，地球が大気という防寒着を身に着けていることです．一方，地球のような防寒着がない月は，太陽からの距離が地球とさほど変わらないのに，新月側（太陽と反対側）の面では −170℃ にまで下がり，逆に満月側（太陽に向いている）の面の赤道上では 110℃ に達します．これは，地球も月も太陽と反対側の面では，−270℃ の宇宙空間に熱を赤外線の形でより多く放出しているためです．

1

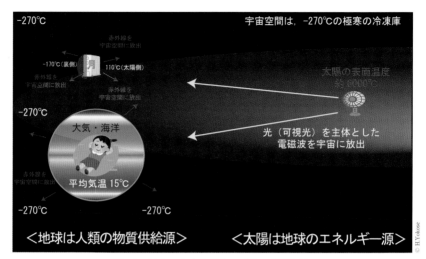

図 1-1　極寒の宇宙を旅する "水の惑星" 号

　地球全体の気温を平均すると約 15℃ となります．寒暖差の少ない熱帯地域の
グアム島ならば，年間平均気温・最高気温・最低気温の 3 つが 27 ± 数℃の範囲
に収まり，月とはまったく違った環境が保持されています．広大な宇宙空間の中
で，私たちが心地よく生活できる環境は，宇宙服を着るか宇宙船に乗っていない
限り，地球のごく狭い表層部に限定されているのです．

b.　宇宙空間における地球の誕生

　太陽系の第 3 惑星である地球は，太陽系の形成とともにスタートします．今
から約 46 億年前に宇宙空間を漂っていた星間物質（約 92％の水素と約 8％のヘ
リウムとそれ以外の物質で構成）が，現在の太陽周辺に凝縮し原始太陽が形成さ
れます．そして原始太陽を中心に円盤状の原始太陽系星雲が形成され，衝突と合
体を繰り返す中で原始地球を含め，その他の太陽系惑星がつくり出されます．こ
の状況下で，原始太陽に凝縮した物質の質量が増大し，中心部では高温で高圧の
状態に達します．これによって原始太陽は内部において，水素を燃料とした核融
合反応を開始します．この反応開始に伴って，イオン化した物質が太陽風となっ
て太陽から放出されたため，太陽系の内側にある地球型惑星周辺の星間ガスは，
太陽風によって吹き飛ばされました．このとき，原始惑星の大気も吹き飛ばされ
たと考えられています．

　原始惑星である地球は，頻繁に降り注ぐ隕石や微惑星の衝突によって，地球自
体が過熱されます．これらに加えて，地球の原始大気中の二酸化炭素が温室効果
をもたらしたため，原始地球の表層部が溶けたマグマオーシャンの時代となりま

す．溶けた状態の地球内部では流動性が増し，密度の大きな鉄を主体とした核が中心部に形成され，その外側を密度の小さなケイ酸塩を主体としたマントル物質が取り囲みます．一方，地球表層部では，マグマの海をもたらした活発な火山活動によって，水を含む揮発性成分が原始大気中に放出され，雨となって降り注いだり蒸発したりを繰り返していました．地球がしだいに冷え始めると，降り注いだ雨が地表にたまりました．これによって，大気–海洋–地殻–マントル–核からなる地球の層状構造が完成します．

海は，約 40 億年前にはほぼ現在の規模に達していたと考えられており，その後は年間 $0.1\,\mathrm{km^3}$ 程度の水が火山噴火によって，海に付け加えられています．

太陽系をつくり上げた出発物質は，太陽光球の放射スペクトルや地球に飛来した始原的隕石の化学組成などから推定されています．各元素の相対存在度は，ケイ素原子（Si）100 万個を基準に対数で表されています（図 1-2）．太陽系全体の質量における太陽自身の質量の割合は 99.8% 程度です．太陽の中心部では，現在も水素を燃料とした核融合反応が継続しています．

核融合反応には，超高温で高圧な状況が必要です．太陽の 10 倍程度の質量を有する恒星ならば，鉄までの元素を核融合反応によってつくり出せます．しかし，それよりも原子番号の大きな元素を太陽系内でつくり出すことはできません．元素の周期表でよく見かける鉄よりも原子番号の大きな元素群は，原子核内に強制的に中性子を捕獲させ，その中性子をベータ壊変させることでつくり出せます．

安定な原子核内に強制的に中性子を押し込むためには，さらに超高温で高圧な状態をつくり出す必要があります．宇宙空間でそのような条件を達成できるところは限られており，赤色巨星への進化段階に進んでいる恒星内部（s 過程）や超新星爆発後の中性子星同士が衝突する過程（r 過程）となります．つまり，地球上の物質の中には，太陽系が誕生する以前につくり出された元素群が含まれています．金や白金などは，中性子星の衝突で生まれた星屑であり，私たちの体の中にも宇宙全体の歴史が取り込まれています．

宇宙全体は，約 138 億年前から始まったと考えられています．ビッグバン宇宙論によると，私たちが生活している宇宙空間は，質量とエネルギーが初めは一点に集められていました．そこから宇宙の拡大が開始し，時間と空間が産み出されます（図 1-3）．宇宙の拡大は，現在も継続中であることが赤方偏移や宇宙マイクロ波背景放射などから推定されています．

私たちが生活している宇宙船 "水の惑星" 号は，常に宇宙空間を超高速で動き続けています．たとえば，地球の自転を宇宙空間から眺めると，赤道上の人は秒速 465 m で移動しています．また，地球自身も公転周期 1 年，つまり秒速 30 km

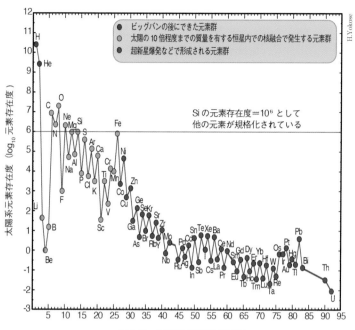

図 1-2　太陽系の元素存在度

で太陽の周りを移動しています．さらに，天の川銀河の外側から太陽系を観察すると，太陽系自身も，天の川銀河の中心から約2万7千光年離れた公転軌道を秒速230 km で移動していると考えられています．太陽系の天の川銀河の中心に対する公転周期（銀河年）は，約2億4千万年と推定されており，太陽系が誕生してから銀河系を約20周していると考えられています．

c. 地球表層部の成り立ち

地球表層における水の分布状況を考える上で，海の形状を把握しておく必要があります．海の分布は，簡単にいうと地球の凹凸がどのようにして形成されたのかを理解することです．

大西洋を縁取る両大陸の海岸線の形がよく似ていることは，17世紀から指摘されていました．しかし，その原因を大陸移動説として1912年に考え出したのは，ドイツの気象学者（当時は地球物理学・地質学的内容も含む）であったアルフレッド・ウェゲナー（図1-4）でした．ウェゲナーは，地形，化石，地層，氷河といった様々な地質学的証拠を総動員して，大西洋が中生代にアメリカ大陸とアフリカ大陸に分裂したと主張し，1915年には『大陸と海洋の起源』と題する本を出版しました．この大陸移動説では，大西洋が形成される以前，地球上の陸

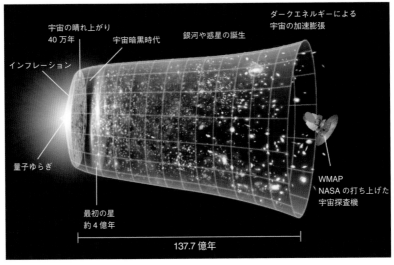

図 1-3　ビッグバン宇宙論の概念図

塊は 1 つに集まったパンゲア（Pangaea: pan ＝すべての，gaea= 地面）を形成
しており，残りの部分は巨大な海であるパンサラサ（Panthalassa: pan= すべて
の，thalassa= 海）が覆っていたと考えたのです（図 1-4）．

　1912 年は，日本では大正元年にあたり，まだ海底の様子を調べることのでき
るソナーシステムも開発されていない時代でした．大陸が割れて海洋が形成され
るという考えにおいて，ウェゲナーは物理的なメカニズムを立証することができ
なかったため，当時の学者たちには受け入れられませんでした．特に，アメリカ
の学者からは痛烈な批判を浴びたのです．そのような中，1930 年にウェゲナー
は調査中の事故で亡くなりました．

　1960 ～ 70 年代にかけて海底の測量データが蓄積され，海面下に隠れた海底の
大まかな凹凸が明らかとなりました．アメリカの海洋学者のブルース・ヒーゼン
や地質学者のマリー・サープらによって海底地形図が作成されました（図 1-4）．
ブルース・ヒーゼンは，大西洋の海底地形図を眺めながら「これでは，まるで大
陸移動説ではないか」と頭を抱えたと伝えられています．このようにして，大陸
移動説は，ウェゲナーの死後 30 年以上を経過して復活を遂げました．

　測深データに加え，地球物理学的および地球化学的データも加味され，地球表
面の凹凸を解き明かすプレートテクトニクス理論が出来上がります．プレートテ
クトニクス理論は，火山，地震，造山運動，鉱床形成などの地球科学的諸現象
を，地球表層部を構成する多数のプレート（リソスフェア）の相対運動として理
解する，画期的なものとなりました．

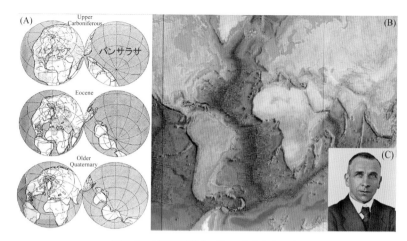

図 1-4　大陸移動説とプレートテクトニクス
（A）大陸移動説．（B）ブルース・ヒーゼンとマリー・サープの科学的根拠に基づく全海洋海底図（ハインリッヒ・ベラン作画，1977）．（C）アルフレッド・ウェゲナー．

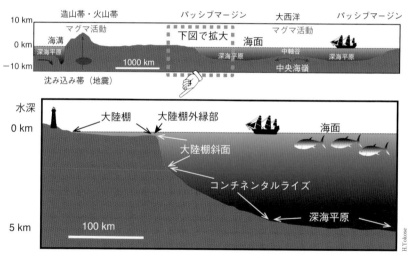

図 1-5　海底の大地形

　それでは，プレートテクトニクス理論に従って海底地形の成り立ちを説明します．地球表層部において新しくプレートを生産する場が中央海嶺です（図 1-5）．中央海嶺は引き裂かれるプレート境界部であり，マントルから湧き上がった高温のマグマが地表に到達し海底火山を形成します．マントルから新しく注入された高温のマグマは新しいプレートの材料となり，中央海嶺は横方向に成長し何千kmにも達する海底大山脈をつくり出します．主な中央海嶺には，大西洋を南北

に貫く大西洋中央海嶺，カリフォルニア湾からチリ沖のラパ・ヌイ（イースター島）にまで連なっている東太平洋海嶺があります．前者は大西洋の形成に，後者は太平洋の形成に大きく関わっています．中央海嶺で生産されたプレートは，時間とともに冷却しながら中軸谷（ちゅうじくこく）から遠ざかり，密度が増します．そのため，一般に海洋底は中央海嶺から遠ざかるに連れて水深が増します．

　移動するプレートは，地球上のどこかで他のプレートとぶつかります．重いプレートが軽いプレートの下に沈み込み始めると，その境界に沿って細長い海溝（トレンチ）やトラフ（舟状海盆（しゅうじょう））といった地形が形成されます．海溝は，横断面が非対称で急峻な斜面（沈み込まれる側が急）をもちます．一方トラフは，平坦な海底面とそれを取り囲む急峻な斜面からなり，全体で舟のような形を示します．地球上で最も深いマリアナ海溝のチャレンジャー海淵は，若いフィリピン海プレートに古い太平洋プレートが沈み込む境界部に位置しています．

　この太平洋プレートの南西端は世界で最も古い海洋プレートで，中央海嶺で生産されてから1億6000万年以上経過しています．マリアナ海溝は，北上して伊豆–小笠原海溝，日本海溝，千島–カムチャツカ海溝，アリューシャン海溝へと連続し，太平洋の西部から北部を縁取ります．

　プレートどうしの衝突する境界をアクティブマージンと呼び，大西洋の周辺やインド洋周辺のように，プレート境界ではなく海溝も発達していない大陸縁辺部をパッシブマージンと呼んでいます．

　海溝周辺の地下深部では，プレート間の相互作用によって火山，地震，造山運動が起こり，地球上において地質学的に活発な地域といえます．この海溝と平行に，沈み込まれた（軽い方の）プレート上には火山列（火山フロント）や山脈が形成されます．その島列の配置や弓形を示す大陸地域の山脈の地形から，島弧（弧状列島）や陸弧と呼ばれます．太平洋は，海溝と同様に島弧や陸弧によって取り囲まれており，環太平洋造山帯が構築されています．また，活動的な火山も付随しているため，同地域は環太平洋火山地帯でもあります．

　海溝の反対側である火山フロントの後ろには，しばしば背弧海盆が広がっています．たとえば，東シナ海，日本海，オホーツク海，ベーリング海の海底には，それぞれ沖縄トラフ，日本海盆，カムチャツカ海盆，アリューシャン海盆といった背弧海盆が形成されています．背弧海盆の形成過程としては，沈み込むプレートの中央部が下方にたわみ（ロールバック），高温のマントル物質の上昇によって形成されるというモデルが提案されています．深部の高温物質が上昇し，既存の地殻を分裂させ海を広げていくプロセスは，中央海嶺の形成とも多くの共通点をもちます．このようにして，様々なサイズの海が地殻の分裂によって形成されていく一方で，軽い大陸地殻を乗せたプレートどうしの衝突では海が閉じ，ヒマ

ラヤ山脈やアルプス山脈が形成されています.

　プレートの拡大や収束に伴って大陸地殻の離合集散が起こり，海を収める容器である様々な海盆が，地表に形成されたり，消滅したりを地質学的時間スケールで繰り返します．したがって，過去の地球環境を推定する場合，地質学的な証拠を加味して，大陸と海洋の配置を復元したうえで検討する必要があります.

　以上に加えて海底の微地形を把握することは，深層流の流動パターンの推定や，海水を介した地球規模の物質循環（塩分，熱量，栄養塩類，有害物質）の解明には必要不可欠です．さらに，津波の発生とその伝搬様式の数値モデルにおいて，水深は重要な初期条件となり，海底面形状が自然現象に影響します.

d. 大陸棚から深海平原までの地形変化

　パッシブマージンの海底地形は，斜面傾斜に応じて，海岸から大陸棚（陸棚），大陸棚外縁部，大陸棚斜面，コンチネンタルライズ，深海平原に分類されています（図1-5）．大陸棚は，大陸や島の周囲に発達するきわめて緩やかに傾斜した海底部分であり，傾斜角が急激に変わる遷急線（大陸棚外縁部の位置）までの範囲を指します．大陸棚外縁部は，世界中で比較的一致した，水深150m程度の深度に現れます．世界中に分布する大陸棚は，約7万〜1万年前の最終氷期において海面が低下した際に形成された緩斜面であり，地質状況は海洋底よりも陸地の延長部に近い性質を示します．Google Earthなどでうす青く見える台地状地形が大陸棚に対応し，総面積は海洋地域全体の約6%に達します．大陸棚地域では，石油やガスをはじめとする多くの資源開発がメキシコ湾，北海，インドネシアなどで実施されており，世界経済の注目を集めています.

　大陸棚外縁部より沖合では，比較的急峻な大陸棚斜面（平均斜度4度）が続き，ある深度以上で再び傾斜角が緩くなります．傾斜が大陸棚斜面の8分の1程度に緩くなったところから深海平原までの範囲が，コンチネンタルライズです．コンチネンタルライズは，陸域から海底谷を通じて流れ込んだ混濁流（タービダイト）が深海領域に到達し，陸源性の砕屑物が厚く堆積している地域です．そこを過ぎると，平均的な勾配が0.1%以下のほぼ平坦な深海平原となります.

e. 深度分布の面積比

　測深技術や衛星技術の発達に伴って海洋の器である海底地形を含めた地球の表面形状が細かくわかり，面積高度曲線によって，地球表面の高さ・深さの割合が把握されています（図1-6）．地球表層部の総面積はおよそ$510 \times 10^6 \, km^2$で，陸が約$147 \times 10^6 \, km^2$（29%），海が約$362 \times 10^6 \, km^2$（71%）です．陸域の最高峰はチョモランマ（標高8850m）で，平均標高は約800mです．一方，

海洋地域の最深部はマリアナ海溝のチャレンジャー海淵（水深10911m）で，全海洋の平均水深は約3700mと推定されています．このように，地表における凹凸はプレート運動に起因しており，太陽系内の惑星では，地球だけがもつ特徴です．

地球上では，2100m以上の標高を有する地域が地球表面積の3%未満であり，逆に水深6500mを超える海も0.16%未満です．仮に，地球表面の凹凸をなくすと平均水深は2400mほどになり，地球全体がすっぽり海水に覆われます．

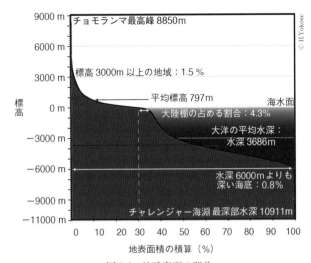

図1-6　地球表面の凹凸
面積高度曲線（データはEakins and Sharman, 2012による）

Google Earthなどを見慣れている人は，海底のことがすべて明らかとなっていると思いがちです．しかしながら，Google Earthなどで表現されている海底地形の大部分は，海面高度に基づく推定値であり，約2km四方が1点の水深として表現されている部分も少なくありません．そのため，最新の測量機材を使って，海底地形を精査するためには，今後100年以上必要との試算も報告されています．精度の高い海底測量の進捗に応じて，上記の水深の平均値や分布割合が変化するため，教科書によっては違った値が示されますので注意が必要です．

1.2　太陽の放射エネルギーで温まる地球表層

a. 太陽放射によって温められる地球表層

私たちは，太陽によって暖められていることは，日々体感できることでしょう．もしも，宇宙を漂う地球の近くに太陽のような放射エネルギーを発する恒星がなければ，地球はすぐに冷えきってしまいます．宇宙空間は，原子や分子がほとんど存在しないため，熱を伝えることができません．そのため，宇宙は絶対零度（−273℃）に近い極寒の−270℃です．

絶対零度よりも少し温度が高いのは，ビッグバン発生時の爆発的な熱が，拡散し冷やされて宇宙マイクロ波背景放射（CMB）として残っているためです．そ

のマイクロ波を黒体放射に換算すると約 2.7 K と計算されています.

　地球に太陽から直接熱そのものが伝わってくるわけではありません. 熱の伝わり方には, ①放射, ②伝導そして③対流の 3 つの方法があります. 地球と太陽の間がほぼ真空であるため, ②や③の方法で熱を伝えることはできません. 基本的には, 電磁波を介した放射の形でエネルギーのやり取りが行われています.

　太陽から発せられる膨大なエネルギー（太陽放射）は, 地球のみならず宇宙に向かって放射状に発せられています. 太陽から約 1 億 5000 万 km 離れた地球には, そのほんの一部が到達しているにすぎません.

　太陽放射の大きさを示す量が太陽定数です. 太陽定数は, 地球から太陽までの平均距離において, 単位面積, 単位時間あたりに地球大気表面に垂直に降り注ぐ太陽エネルギーを表し, 人工衛星によって約 1370 W/m^2 と計測されています（太陽の活動状況によって 0.2% 程度変動）. 太陽放射が地球表層に届く頃には大気や雲による散乱・吸収の影響で 150 〜 350 W/m^2 に減少します. ちなみに, 高温の地球中心部から地球表層に伝わってくる地熱量は, 場所によって若干異なるものの, およそ 0.07 W/m^2 と推定されており, 地球表面における太陽放射の 2000 分の 1 〜 5000 分の 1 程度です. つまり, 地球表層部の熱源は太陽放射で賄われていることになります.

　太陽放射によって暖められた地球は, しだいに熱を帯びます. すると宇宙と地球の間に温度差が生じ始めます. 太陽ほど高温にならない地球は, 可視光線よりエネルギーレベルの低い赤外線を宇宙に放射します（地球放射）. これは地球に限った話ではなく, 100 W 程度で発熱している人体も赤外線を放射しながら日常生活を送っています.

　−270℃の宇宙を旅する地球ですが, 幸運にも太陽からの距離が適切であるため, 地表に水が液体として存在できます（ハビタブルゾーン）. 地球は, 太陽の周りを 365 日かけて 1 周する公転軌道をもち, また地球自体も自転をしているため, 太陽のエネルギーを満遍なく受け取ることができます. もし地球に公転も自転もなければ, 酷暑と極寒の両極端な惑星になったことでしょう.

　太陽から受け取るエネルギーと地球から宇宙へ放出するエネルギーのバランスがとれた状態が放射平衡です. この放射平衡に達したときの温度を放射平衡温度といい, 大気のない地球で太陽定数の 7 割（3 割は反射によって宇宙に戻る）が地球の加熱に寄与したと仮定すると, 放射平衡温度は −18℃ と計算されます. しかし, 地球の平均気温は約 15℃ であり, 計算値より 33℃ も高い値となります. この状況を生み出しているのが, 海洋や大気の存在であり, まさに「水の惑星」であることで温暖な地球環境が維持されています.

b. 温室効果ガスと熱収支

太陽放射エネルギーの内訳は，主に可視光線（約47%），赤外線（約46%），や紫外線（約7%）からなり，ごく微量のγ線やX線も含まれます．また，地表には到達できませんが，α線，β線に加え，電子，陽子といった粒子エネルギーも大気表層まで到達します．それぞれの放射エネルギーの中には，大気を構成する原子や分子によって熱エネルギーに変換され，大気温度の上昇に寄与する場合があります（図1-7）．

太陽放射は，大気圏（地球表層から約500 kmの位置）に到達して地球大気中を進み，半分以上は地球表面に到達します．大気圏は，温度構造によって熱圏，中間圏，成層圏，対流圏に分けられています（図1-7）．また，地表から離れるに従って空気は薄くなり，気圧も減少します．成層圏の大気圧は地表の10分の1～1000分の1程度で，熱圏に至っては1000万分の1にまで下がります．

また，電離層（中間圏から熱圏の間に相当する領域）や成層圏内部のオゾン層といった，別の層状構造も設定されています．オゾン層や熱圏の気体分子は非常に希薄ですが，これらの存在が高層大気の温度構造を左右しています．

太陽放射として大気圏に入射した電磁波の中で，ごく微量存在する極端紫外線（波長1～10 nm）は，大気中の窒素分子（N_2）や酸素分子（O_2）の電離・解離エネルギーとして吸収され熱に変換されるため熱圏の温度が上昇します．つまり，この波長領域の紫外線は，消滅するため地表に到達できません．

太陽放射がさらに成層圏まで進むと，オゾン層に到達します．オゾン（O_3）は，太陽放射中に微量存在する紫外線の中で，200～300 nmの波長を有する中間紫外線領域に連続吸収帯をもちます．オゾンによって吸収された紫外線は熱エネルギーに変換され，成層圏上部の温度上昇をもたらします．オゾンによる紫外線吸収帯には，タンパク質やDNAを破壊する波長領域260～290 nmの紫外線が含まれているため，オゾン層の存在が有

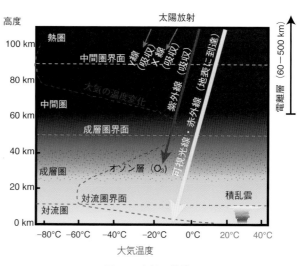

図1-7　大気の構造

害な紫外線から地球表層部の生物を守ってくれています.

　大気による可視光線や赤外線の吸収は,気体分子の種類と存在度に大きく依存します.一般的な地球大気の平均化学組成は,体積比にして,窒素分子が78%,酸素分子が21%,アルゴン（Ar）が0.9%,そして二酸化炭素が0.035%です.しかし,これらの大気成分の他に水蒸気（H_2O）が含まれ（4〜0.1%）,場合によっては3番目に多い気体分子になります.また,大気中で過飽和状態となった水蒸気は,液体の水（雨滴）や固体の氷（雪など）からなる雲となって大気中を漂います.大気中の水蒸気量は,あまりにも変化するため,「平均組成」に馴染まないだけで,むしろ自然現象におけるその存在意義は重要です.

　「太陽光に暖められた大気」というフレーズを天気予報で耳にした人も多いのではないでしょうか.しかしこの表現は誤りです.それは,大気に到達する可視光や赤外線からなる太陽放射が窒素分子と酸素分子を加熱できないからです.

　紫外線によって加熱されるオゾン層では,上空に向かって温度上昇しますが,それより下位の対流圏では上層に向かって温度が低下しています.つまり,可視光や赤外線は,大気ではなく地球表層部を加熱しているのです（図1-8）.

　この太陽放射による加熱過程は,気体を構成する物質の化学的構造に起因します.つまり,大気の大部分を占める窒素分子や酸素分子は,同一の原子2つからなる分子構造（等核二原子分子）であるため,可視光や赤外線を吸収して熱に変換できません.一方,水蒸気や二酸化炭素などのように,異なった種類の複数の原子からなる分子構造（異核分子）は,分子内の原子振動によって赤外線の吸収や放射を行うことができる波長領域を有するので,相互作用が可能です.

　地球温暖化問題では,温室効果ガスとして二酸化炭素が強調されるのも,この

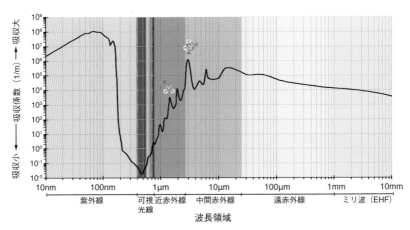

図1-8　電磁波の各波長領域にける水の厚さ1mの吸収係数（入射光強度/透過光強度）

赤外線の波長領域に吸収と放射が可能だからです．異核分子の多くは，二酸化炭素と同様に赤外線の波長領域に同様の効果をもち，場合によっては地球温暖化に大きく関与します．とりわけ水蒸気は，場所によっては二酸化炭素の 10 倍以上大気中に存在することもあり，その上，多くの波長領域において電磁波の吸収能力をもつことから，地球の温室効果を考える上で最も重要な気体の 1 つです．

　温室効果をもたらすこれらの気体分子については，地球温暖化に与える影響を数値化した指標（地球温暖化係数）が，IPCC（気候変動に関する政府間パネル）によって検討されています．二酸化炭素の効果を 1 として各気体の相対的な影響力が評価されており，メタンは 21 倍，一酸化二窒素は 310 倍，六フッ化硫黄は 2 万倍強，フロン類は 100 〜 1 万倍程度に見積もられています．そして，水蒸気の影響力は，二酸化炭素の 2 〜 3 倍と推定されています．

　このように，オゾン層から地表までの光路においては，大気中に存在する水蒸気や二酸化炭素などの気体分子と微粒子によって太陽放射が吸収され，熱エネルギーに変換されます．また，対流圏に存在する低い雲は，水蒸気の凝縮物である雲粒や霧粒をもっており，放射エネルギーを吸収することができます．

　加熱された地球表層部は，赤外線を宇宙に放射することで冷却されます．快晴の冬の夜は，大気中の水蒸気や雲などの水分子が希薄であるため，地表からの赤外線放射が，大気中で吸収されることなく直接宇宙に放出されます．そのため放射冷却現象が効率よく進行し，気温が急激に低下するので，霜が降りたり水たまりに氷が張ったりします．これとは逆に，大気中に水蒸気や雲がたくさん存在する場合，地球表層から放出された赤外線の一部は吸収され，再度赤外線として地表に放出されます（温室効果）．大気を介した赤外線のリサイクル量は，全体の 15% と見積もられています．曇った日や湿度の高い夜に気温がさほど下がらないのは，大気からの赤外線の再放射によって暖められているためです．

　太陽放射によって直接温められた地表は，熱伝導によって直上の空気を加熱します．その結果，軽くなった空気が熱そのものを顕熱として上空に運び上げ，赤外線放射で宇宙に熱を放出します．また，温められた海水や地表の水は，分子の振動状態が激しくなり，水蒸気となって大気中に飛び出し，潜熱を上空へ運びます．大量に発生した水蒸気は，大気中を上昇するにつれて気体から液体や固体に凝縮する過程で，潜熱としてもっていた熱エネルギーを赤外線として宇宙空間に放出します．このように，地球の放熱過程において大気中の水蒸気はきわめて重要な役割を担っており，地球が吸収した 70% の太陽放射のうち 64% に関与します．そして，その水蒸気を最も多く発生させるのが海洋です．地球の平均気温が約 15℃ と計測されるのは，このように水蒸気を含む大気が地球を覆っており，地球表層から放出された赤外線が地表と大気の間で水蒸気を介して再利用されて

いるからにほかなりません.

　大気中に第三の成分として多量に存在する水蒸気は，人為的に存在度を変化させることが難しく，近年の地球温暖化を推し進めた原因とはなりません．水蒸気はあくまでも地球における熱循環を促進するものであり，地球温暖化に対しては正負両方のフィードバック機能を伴っています．たとえば，大気中の水蒸気が増えれば赤外線の吸収と再利用（温室効果）が増加する反面，雲が増加することで地表に到達できる太陽放射を減少させたりもします.

　大気中の二酸化炭素濃度の増減だけで，地球の温暖化や寒冷化の現象を説明することはできません．たとえば太陽の活動が活発化すれば，地球外の要因として入射エネルギーが増え，温暖化します．あるいは極域の氷が解けて太陽放射を反射できる量が減少しても，入射量は相対的に増えて温暖化が起こります．さらに二酸化炭素と同様に，大気中のメタンガス濃度が単に増加しても温暖化します．一方，太陽活動が弱まったり，海氷が大きく成長したり，温室効果ガスが減少したりすれば，地球は寒冷化します．このように，地球の温暖化や寒冷化には複雑な要因が絡み合います．様々な要因を具体的に把握することで，地球温暖化に対する理解が進みます.

c. 地球表層部の反射能

　太陽から地球大気の表層部に到達できた放射エネルギーのすべてが，地球を暖める熱に変換されるわけではなく，全体の約30%は宇宙空間に跳ね返されます．宇宙から地球を眺めたとき，雲が漂う水の惑星と認識できるのは可視光線が反射される証拠です．可視光線が地表に到達したものの，そのまま反射されてしまう割合も4%と見積もられています．また，北極や南極周辺の氷の部分や高層大気中の雲の部分は白く，海洋地域は青黒く，陸域は茶色や緑色にそれぞれ映し出されるのは，可視光線の反射や各種波長における吸収の度合いを反映します.

　大気中を通過する太陽放射の一部は，気体分子や浮遊する微粒子によって四方八方に反射させられます．これを光の散乱現象と呼び，散乱の度合い（散乱係数）は大気中に漂う微粒子の大きさと入射波長で決まります．地上から眺めた空が青く見えるのは，光の波長に対して粒子サイズが小さいために起こる散乱現象の一種で，レイリー散乱と呼ばれています．仮にレイリー散乱を起こす粒子サイズを一定と仮定すると，波長が長い光ほど散乱の影響を受けにくく，遠くまで到達できます．夜明けや夕方には，大気中を通過する光路が長くなるため，散乱されにくい波長の長い赤色光が相対的に遠くまで到達し，空を赤く染めます.

　天体の入射光に対する反射光の割合をアルベド（反射能）といい，高いほど反射効率がよく，低いほど反射効率が悪くなります．つまり，アルベドが100%な

ら光は全反射し，100% 以下ならば光のエネルギーが別の形に変換されたことを表します．

たとえば，雪原や氷で覆われている部分のアルベドは 90% 近くになり，砂漠地域は 35% 程度，森林や岩場，市街地などは 10 〜 20% です．そして，波のない穏やかな海のアルベドは 2% になります．つまり，雪原や氷の大地では光エネルギーを 10% 程度しか熱に変換できないが，海洋地域では 98% を熱や他のエネルギー形態に変換できることを意味します．

地球は球面であるため，太陽光の入射角は赤道地域で小さく，極域で大きくなります．光は，屈折率の違う物質の境界面（たとえば空気と地球表面の境界）に入射すると，一部は反射し一部は透過（屈折）します．入射角が大きくなると，反射の割合が増加します．そのためアルベドの大きさも，同一物質であったとしても，極域では大きく，赤道地域では小さくなります．

アルベドの小さな海洋地域は赤道や南半球に集中しており，太陽光がそれらの地域で選択的に吸収されています．したがって，赤道周辺地域の平均気温は高くなります．一方，極域は氷で覆われている上に，入射角が大きいため効率よく太陽光を反射します．つまり，北極や南極周辺地域は，地球にとって大きな反射板の役割をしています．もしも，北極海の氷が解けて反射板が縮小すると，その部分に海が広がり，アルベド値が極端に減少することになります．これによってさらに太陽光は熱に変換され，さらに氷が解ける結果となります．極域において氷床や海氷の縮小が起こると，地球温暖化の方向に正のフィードバックが加速します．

d. 地軸の傾きと地球の暖まり方

地球は太陽の周りを自転しながら公転している惑星であり，その上，自転軸が軌道面の垂線から 23.4 度傾いています．そのため，太陽光の地球表面に対する入射角は，1 年を通して一定にはならず，特に中緯度地方では季節変化がもたらされます．

春分と秋分は，昼と夜の時間が等しくなる軌道面上における特定の地点で，同様に冬至は北半球で日中が 1 番短い（南半球では長い）地点であり，夏至は日中が 1 番長い（南半球では短い）地点となります．このように，太陽放射の入射角度とともに日照時間も地球上の各地点で毎日変化します．

日照時間の季節変化における極端な例として，白夜や極夜があります．北半球の北緯 66.6 度（北緯 90 度 − 自転軸の傾き 23.4 度）よりも高緯度地域では，6 月下旬（夏至を中心）に太陽が沈まない白夜が，12 月下旬（冬至を中心）に日中太陽が昇らない極夜が訪れます．南半球でも，同様に南緯 66.6 度よりも高緯

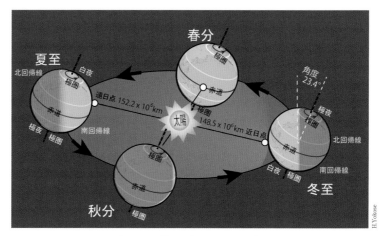

図 1-9　地軸の傾きと地球の四季

度地域で白夜と極夜がありますが，時期は北半球と逆になります．この緯度 66.6 度よりも高緯度地域を，北半球では北極圏，南半球では南極圏とそれぞれ呼んでいます．

　こういった極圏では太陽放射の入射角が大きく，冬季には極夜など日照時間がなくなる時期すら存在します．そのため日射による加熱が他地域に比べ極端に少なく，赤外線放射が勝り，冷却が進みます．一方で熱帯地域は，1 年を通して日射をほぼ真上から受けるため，他地域よりも加熱が進み暑くなります．

　図 1-9 をよく見ると，太陽が楕円軌道の中心から少しずれている（離心率）ため，冬至の頃に近づき（近日点），夏至の頃に遠ざかり（遠日点）ます．地球の季節変化が太陽からの距離と日照時間だけではなく，太陽放射の受容体である地球の大陸と海洋の分布状況の違いに起因した変化と見なせます．

　地球上で太陽が真上から照りつける地域は，北回帰線の通る北緯 23.4 度から南回帰線の通る南緯 23.4 度の範囲となります．この北回帰線と南回帰線に挟まれた範囲には，季節変化の少ない常夏の熱帯が広がっています（図 1-10）．

　北回帰線上の地域では，夏至のとき太陽は南中時に天頂に存在します．その日以降南中高度はしだいに減少し冬至を過ぎてから再び増加傾向に変わります．

　このように夏至や冬至を境にして，天球上の太陽高度は変化を繰り返すため，その時点を転換点と考え「回帰」という言葉が使われています．英語では星座と関連づけて，北回帰線を Tropic of Cancer（かに座）と呼び，南回帰線を Tropic of Capricorn（やぎ座）と呼んでいます．ちなみに，tropic の原義は turn（戻る）を表します．

　太陽は，地球の大きさから考えてかなり遠い位置に存在するので，太陽光は平

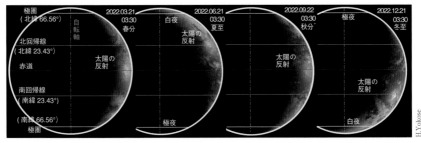

図 1-10 回帰線と太陽の位置を人工衛星で確認　提供：情報通信研究機構（NICT）

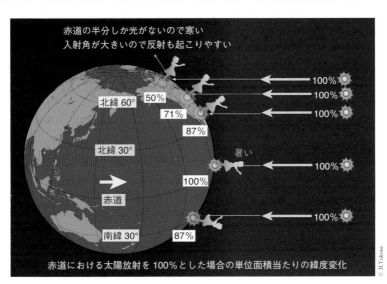

図 1-11 緯度による日射量の違い
赤道の日射量を 100%とした場合の各緯度における日射量の割合を示している.

行線となって地球表層に降り注ぎます．地球表面は球面であるため，緯度によって太陽光の入射角が異なり，日射量（単位面積あたりの放射照度：W/m²）は変化します．赤道における日射量を 100% としたとき，北緯 30 度では約 87%，北緯 45 度では約 71%，北緯 60 度では約 50% になります．そして，極点ではほぼ真横から太陽光が射し，直接地球表面に太陽光が当たりません（0%）．このように，地球の暖められ方は緯度によって大きく変化します（図 1-11）.

e．電磁波を熱エネルギーに変換する海水

テレビや映画で，深海は決まって暗黒の世界として表現されます．実際の深海底も，ライトなど光の当たっている周囲 10 m 程度が明るくなっているだけで，それ以外は漆黒の闇です．私が『しんかい 6500』で潜水調査を行ったときも，

17

海上では雲ひとつない晴天でしたが，水深 160 m を超えたあたりから急に周囲は暗い群青色に変わり，その後水深 200 m から海底 4000 m に到着するまでの 1 時間半の間，ずっと漆黒の世界が有人潜水船を包みます．

外洋で海水をバケツですくってみると，透き通っており，空気のようにどこまでも見渡せるような気がします．しかし，ゴーグルをつけて 50 m プールに入ったとき，底は見えてもコースの反対側の壁はよく見えませんね．どんなに透明に見える水であっても，微量に存在する微粒子が入射光を散乱したり，水自体が電磁波（可視光線を中心に，赤外線や紫外線など）を吸収（図 1-8）したりして，熱エネルギーに変換するため光は消滅します．つまり，光路が長くなる深海では，光が吸収されつくし，暗黒の世界となってしまうのです．

そこで，紫外線から可視光線を経て赤外線に至る波長領域の電磁波に関して，詳しく水による吸収状況を見てみましょう．電磁波の吸収効率は波長によって異なっており，紫色や青色の波長は比較的水分子に吸収されにくく，最も深くまで到達できます．一方，青よりも波長の長い緑，黄，橙，赤色の順に吸収率が増加し，さらに波長の長い赤外線領域では，すばやく熱に変換されてしまいます（図1-12）．

一方，赤外線と異なり紫色に近い波長の短い紫外線（UV-A: 315 ～ 380 nm や UV-B: 280 ～ 315 nm）の吸収率は，可視光線の緑色や黄色程度です．しかし，紫外線の多くはオゾン層などで吸収されるため，海面に到達できる紫外線量は太陽放射エネルギー全量の 0.35% 以下です．そのため，海中では紫外線の影響をほとんど受けません．

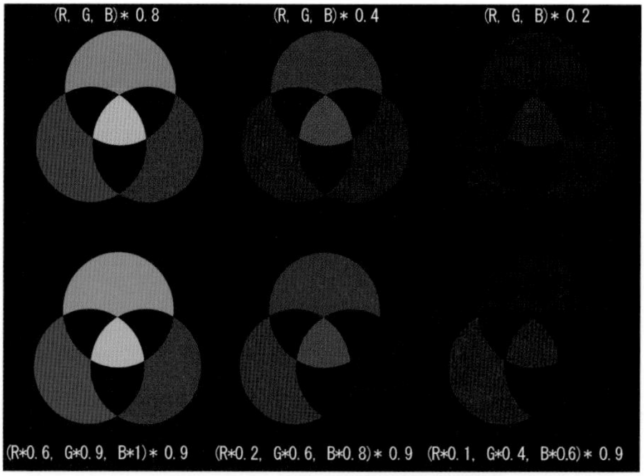

海面に到達できる太陽放射の可視光線スペクトルでは，青色（波長 470 nm）が最も強く，緑色から赤色へと緩やかに減少します．海水に入射されるそれぞれの波長の光の強度と海水による各波長の吸収係数を加味すると，海水中から太陽光を仰ぎ見た場合，青色に少し緑色（波長 550 nm 前後）を混ぜたような色が深

図 1-12　水による可視光線の吸収と海水の色
R（赤），G（グリーン），B（青）は光の三原色を表す．上段：三色が均等に吸収される場合．下段：赤＞緑＞青の順に吸収が小さくなる場合を想定．

くまで確認できることになります．つまり，深くまで反射されることなく光が進むと海水は青黒く見え（たとえば黒潮のように），一方で透明度の高い浅い海では，光が海底で反射すると緑色の吸収が進まず青みがかったエメラルドグリーンを呈します（図1-13）．

図1-13　沖縄沖の海の色

どのくらいの深さから暗黒の世界になるかは，海水中に含まれる微粒子の散乱効果が大きく関わってきます．透明度の低い浅海地域の濁った海水では，光の散乱原因となる微粒子（懸濁物やプランクトンなど）が多く，海底に到達できる光量が少ないため，比較的浅い水深で暗黒の世界が訪れます．これとは対照的に，透明度の高い外洋なら，約200 mの深さで入射光の99％が吸収されます．つまり，地球では最深でも200 mを超えてしまえば，太陽光の恵みを直接受けられなくなります．

f. 大気循環を左右する水蒸気

天気予報の解説を聞いていると，「湿った暖かい空気が……」や「冷たい乾いた風が……」として大気が表現されています．この例からもわかるように，大気の状態を示す上で，空気の温度と水蒸気の量は密接に関連します．地球規模の大気の上昇は，太陽放射によって暖められた地球表層部が，二次的に下から大気に作用することで起こります．大気を効率よく上昇させ，大気循環を促進する上で水蒸気は欠かせません．

空気の上昇や下降において温度変化は重要な要素の1つですが，現象をより一般化すると，周囲に比べて問題とする空気塊が高密度か低密度かで，上昇するか下降するかが決まります．空気塊の密度が周囲に対して低密度ならば上昇を開始し，高密度なら低密度の空気塊の下に移動します．

密度変化をもたらす要因として温度変化は確かに重要です．気体の物理状態を示すものとして，理想気体の状態方程式があります．この状態方程式では，理想気体の圧力（P），体積（V），絶対温度（T），物質量（n）の関係を次式で表しています．

$$PV = nRT$$

ここで，R は気体定数です．この式を変形すると

$$\frac{n}{V} = \frac{P}{RT}$$

n/V が密度に相当することから，密度＝圧力／（R ×温度）で表せることにな

ります．つまり，気体密度は圧力に比例し温度に反比例します．ですから，熱気球のように局所的に空気を温めれば，周囲に比べ密度が減少するので，冷たくて重い空気の中を上昇できます．ただし一般に上空へ向かうにつれて周囲の大気圧は減少し温度も低下するため，周辺との密度差は無くなります．

　地表で温められ上昇した空気塊は，上空で急激な減圧状態になり膨張します．膨張に伴って気体分子間の衝突エネルギーが減少し，空気塊は冷やされます（断熱膨張）．断熱膨張による冷却と上空における赤外線放射によって空気塊は急速に冷え，密度が増大し，空気塊は下降に転じます．下降を開始した空気塊は，圧縮されて密度が増加します．急激な空気塊の下降は，気体分子間の衝突を増加させ温度を上昇させます（断熱圧縮）．空気塊の密度変化は，温度や圧力の変化によって，単位体積あたりに含まれる気体分子（原子）の数が変動するからです．

　ここまでは空気を構成する分子（原子）の種類や存在比を乾燥大気と同一と考えた場合の話です．もしも，水蒸気が含まれる湿潤空気やヘリウムで満たされた風船を想定したらどうなるでしょう．

　アボガドロの法則では，同一圧力，同一温度，同一体積ならば，すべての気体において同じ数の気体分子（原子）が含まれるとしています（図1-14）．たとえば，気体の標準状態（0℃，1013 hPa）とは違う25℃で1000 hPa 程度なら，気

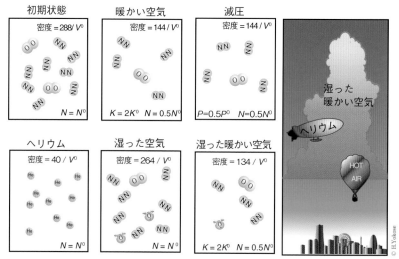

図1-14　湿った暖かい空気はなぜ軽いか

体 1 mol の体積はおよそ $24.8 \times 10^3\,\mathrm{cm}^3$ となります．ここで，分子（原子）の 1 mol に相当する重さがモル質量であるので，気体密度はモル質量 $/24.8 \times 10^3\,\mathrm{cm}^3$ と表せます．

　主な気体のモル質量は，酸素分子（O_2）32 g/mol，窒素分子（N_2）28 g/mol，ヘリウム原子（He）4 g/mol となります．それぞれの気体密度は，$1.29 \times 10^{-3}\,\mathrm{g/cm}^3$（$O_2$），$1.13 \times 10^{-3}\,\mathrm{g/cm}^3$（$N_2$），$0.16 \times 10^{-3}\,\mathrm{g/cm}^3$（He）となり，単一の気体分子や原子で構成されているならば，密度は $O_2 > N_2 \gg He$ の順に小さくなります．

　しかし乾燥空気は，窒素分子が 78%，酸素分子が 20%，アルゴン（40 g/mol）が 1% の体積比で含まれる混合気体なので，それぞれの割合で混合した場合，乾燥空気の密度は $1.17 \times 10^{-3}\,\mathrm{g/cm}^3$ と計算されます．ヘリウムの密度はこの乾燥空気の 7 分の 1 程度しかないため，ヘリウムで満たされた風船は，風船自身の重量すらカバーできる密度差を有し，空高く舞い上がれます．

　それでは，湿潤空気はどうでしょう．水蒸気（H_2O）は 18 g/mol であり，乾燥空気の窒素分子や酸素分子に比べて非常に軽い気体です．そこで，乾燥空気中に 3% の水蒸気が含まれる場合の密度を計算してみましょう．

$(28 \times 0.7566 + 32 \times 0.2037 + 18 \times 0.0300 + 40 \times 0.0097) /24.8 \times 10^3\,\mathrm{cm}^3$
$= 1.15 \times 10^{-3}\,\mathrm{g/cm}^3$

乾燥空気が $1.17 \times 10^{-3}\,\mathrm{g/cm}^3$ ですから，湿潤空気の方が 1.7% 程度軽くなります．このように，同じ温度・圧力状態ならば，空気塊が湿ってくるにつれてしだいに軽くなり，ゆっくりと上昇できます．

　空気中に含むことができる水蒸気の限界量を分圧の形で表したのが飽和水蒸気圧ですが，温度の上昇とともにその値は急増します．つまり，気温の高い地域の空気塊はより多くの水蒸気を含有でき，相対的に密度も小さくなります．夏場，活発な上昇気流を伴った入道雲が発生するのは，湿った暖かい空気塊が多量に生産される条件が整うからなのです．

　地球上で，湿った暖かい空気塊を大規模に常時つくり出せる場所があれば，そこでは活発な上昇気流が常時発生することになります．太陽放射によって効率よく暖められているのは赤道周辺の熱帯地域であり，そこには多量の水蒸気を発生しうる海洋が広がっています．したがって赤道周辺海域は，地球規模の大気上昇システムを構築する上で最適な立地条件を備えています．

　大量の水分を含む軽い空気が上昇すると雲が発生し，雨や雪を降らせます．これらの変化について，私たちは空気の現象ととらえがちですが，空気中に微量に存在する水の状態変化がむしろ重要であり，これこそが大気の対流を加速する起爆剤なのです．そこで大気中における水分子の挙動と空気塊の温度変化を考えて

みましょう.

　水には固体・液体・気体の三態があり，それぞれ陸上では氷・水・水蒸気に対応しています．大気中でも雪・雨・水蒸気として存在します（図 1-15）．固体である氷が融解して水になったり，逆に凝固して水から氷になったりします．このような物質の状態変化は，相転移と呼ばれています．

　水⇔氷の変化は，1 気圧では 0℃ を境に発生します．液体の水は，空気との平衡状態に達する（飽和水蒸気圧）まで蒸発して，気体である水蒸気に変化します．また，空気中に存在している水蒸気は，飽和水蒸気圧以上に達すると凝縮し

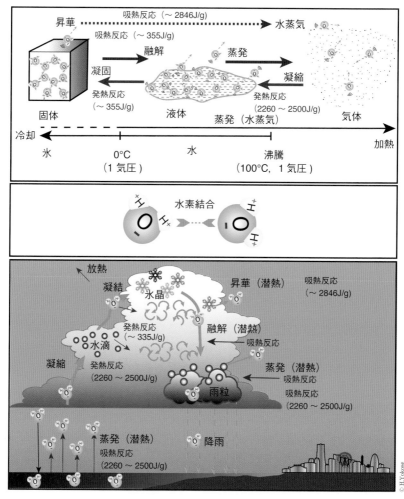

図 1-15　水の状態変化と気象現象

て液体の水に戻ります．飽和水蒸気圧と大気圧が等しくなる状態が沸騰であり，
1気圧のときは100℃となります．しばしば，沸騰と蒸発が混同されています．
100℃にならなくても水分が蒸発することは，洗濯ものが暑い夏でも，寒い冬で
も乾くことを考えれば，容易に理解できることと思います．さらに，0℃以下の
氷からでも，水蒸気に直接変化すらできます（昇華）．そのため，冷凍庫に長期
間放置された氷が小さくなるのは，昇華現象が起きている証拠です．

　水は1つの酸素原子（O）に2つの水素原子（H）が共有結合した分子であり，
分子構造の対称性が悪い上，酸素と水素の間の電気陰性度の差が大きく，電荷に
偏りがあります．そのため水分子は，酸素側が負に帯電し水素側が正に帯電し
た極性分子となります．この極性分子は，正と正あるいは負と負が近づくと反発
し，正と負が近づくと水素結合をします（図1-15中図）．この水分子が有する水
素結合の特徴が，地球の環境をコントロールしているといっても過言ではありま
せん．

　水素結合をしている水分子の状態を変化させるためには，他の物質に比べて高
いエネルギーが必要であり，その熱量は鉄の10倍近くに達します．つまり，水
は水素結合を有するため，熱しにくく，冷めにくい物質で，急激な温度変化を緩
和できます．さらに，固体-液体-気体の相変化においては，さらに多くの熱量を
調整します．

　1gの水を1℃温度上昇させるのに必要な熱量は1cal（カロリー）と定義され
ています．日本では1992年の新計量法により国際単位系（SI）のジュール（J）
が法的な単位で，1cal = 4.186Jと換算されます．

　氷から水に溶けるためには335Jの融解熱が必要となります．そして，水から
水蒸気になるためには，水の温度にもよりますが2260 ～ 2500Jの蒸発熱を外界
から吸収（吸熱反応）する必要があります．また，氷から直接水蒸気になる昇華
の場合は，昇華熱（融解熱＋蒸発熱）を外界から吸収します．水素結合切断のた
めに水分子に吸収された熱エネルギーは，水分子に潜熱として蓄えられます．逆
反応である凝縮（水蒸気→水）や凝結（水→氷）では，水分子中の潜熱はそれぞ
れ凝縮熱や凝固熱として外部に放出され（発熱反応），顕熱となります．

　大気中では水蒸気の存在度が低いため，水分子を集合（凝縮）させるための起
点（凝結核）が必要となります．もしも十分な凝結核があれば，水蒸気は多量の
水滴に発達し雲になります．大気中の水滴が雨となって地表に落下するために
は，空気抵抗に勝る落下速度が必要で，落下における空気抵抗の軽減は，雨滴が
成長し表面積に対する質量の割合が大きくなることで達成されます．

　平均的な雨粒は直径1mm程度ですが，典型的な雲の中の水滴（雲粒）は雨粒
の100分の1 ～ 1000分の1程度しかありません（雲粒サイズ＝霧の水滴）．雲を

つくりながら空気塊がさらに上昇すると，雲粒には過冷却水滴と氷晶が共存し始めます．さらに上昇すると，水滴から雪を主体とした雲に変化します．このようなプロセスを経て，水分を含んだ空気塊から，雨や雪の形で水蒸気が取り除かれます．

湿った暖かい空気塊は，乾燥した暖かい空気塊と同様に，上昇に伴った断熱膨張でさらに温度が下がります．湿った暖かい空気塊は，温度低下に伴って露点に到達し，たくさんの雲粒を発生させます．すると，水蒸気から雲粒への凝縮に伴って，潜熱が熱として周囲に放出され，空気塊が加熱されます．そのため，その空気塊は周囲に比べ温度の高い状態が維持されます．加熱によって密度が減少し，空気塊の上昇は加速します．さらに上昇すると，空気塊の中では水滴から氷晶への相変化が起こり，再び潜熱が熱として周囲に放出され，再加熱による低密度状態が持続されます．最終的にほとんどの水蒸気が雨や雪として空気塊から取り除かれると乾燥空気となり，断熱膨張と赤外線放射による冷却過程によって周囲との密度差がなくなります．そして，空気塊の上昇が止まります．高層大気に到達した空気塊は，赤外線放射による冷却過程で密度がしだいに増加し，地表に向けて降下を開始します（図 1-15 下図）．

1.3 水循環と地球環境

a. 太陽放射と大気循環で蒸留される海洋

太陽の放射エネルギーを受け取った水分子が水蒸気として大気循環を駆動するとともに，水蒸気自体も大気とともに地球上を巡ります．

大気中に存在する水蒸気は，上昇とともに凝縮して雨となって降り注ぎます．海岸や海上で降る雨も内陸部で降る雨も，塩辛くはありません．たとえ 3.5% の塩分を含む海水であっても，蒸発するのは主に水分だけであるため，雨には海水の 1000 分の 1 程度の塩分しか含まれません．つまり，大気循環における蒸発は，水だけを蒸留しているようなもので，大気循環は人類にとって大切な淡水製造装置なのです．

雨水の中に少し塩分が含まれる理由は色々あります．最も重要な要因は，雲粒（あるいは雨粒）をつくるための凝結核です．海上で波などによって大気中に放出された海水の微粒子は，空気中で蒸発して海塩となります．それが凝結核となって雨粒を形成するため，雨は完全な蒸留水にはなりません．しかし基本的には，塩分をほとんど含まない淡水が，大気循環を介して地球表層部を巡っていると考えてよいでしょう．

このような蒸留プロセスでは，もともとの溶液が海水か淡水かは，さほど重要ではありません．海水中に溶けている多くの元素は蒸発熱がきわめて高く，常圧

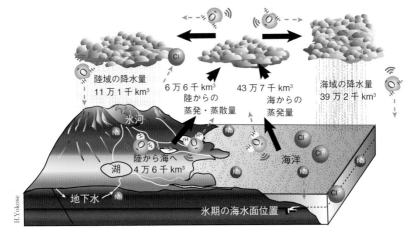

陸域の降水量
11万6千km³

6万6千km³
陸からの
蒸発・蒸散量

43万7千km³
海からの
蒸発量

海域の降水量
39万2千km³

氷河

陸から海へ
4万6千km³

湖

海洋

地下水

氷期の海水面位置

H.Yokose

図 1-16　水の蒸発と淡水の循環

で 100℃ 未満なら溶媒である水だけが蒸発するからです．そのため，溶質（金属元素など）はもとの水溶液中に取り残され，しだいに濃縮していきます．

　散水機でもある大気循環は，雨や雪として広範囲に淡水を届けます．大気循環を介して 1 年間に地球表層部で発生する水蒸気は，およそ 50 万 3000 km³ です．大気循環における蒸発量と降水量の内訳では，海洋からの蒸発量が圧倒的に多く，全体の 9 割弱に達します（図 1-16）．一方，陸上からの蒸発や蒸散（植物などによって水分が大気中に発散される現象）量は，全体の約 13% にしかなりません．降水量は，海上および陸上のそれぞれで 78% と 22% と見積もられており，海上で蒸発する水蒸気の一部（4 万 5000 km³）が陸上部の降水量の約 40% を供給しています．

b.　私たちが活用できる淡水量

　海上で降った雨や雪は直接海に戻りますが，陸上に降った雨や雪は，氷河，地下水，生物，河川を経由して再び大気や海に戻るため，経路が複雑になります．さらに，地球の温暖化や寒冷化によって，陸域と海域の間における収支バランスは大きく変化します．たとえば温暖化した場合，それまで氷河として蓄えられていた水分が融解して川を伝い，海に流れ出します．すると，海域における海水の総量が増加します．一方で地球が寒冷化すれば，陸上の氷河や凍土が増加し，海水から蒸発した水分が陸上に留まることになり，海水の総量は減少します．最終氷期極大期には，海水全体の 3.5% が陸上の氷河として蓄えられたため，海水面は 100 m 程度低下しました．こういった地球の温暖化・寒冷化に伴う海水準変動に対しては，陸域と海域における水収支バランスだけでなく，海水自体の温度

表 1-1　地球表層における淡水の存在度

地球表層の水分	淡水の内訳	表層・大気中水分の内訳	(%)	(%)	(%)
海水			97.5		
淡水			(2.5)↓		
	氷河			1.7175	
	地下水			0.7525	
	永久凍土			0.0200	
	表層・大気中水分			(0.01)↓	
		淡水湖			0.00674
		土壌中水分			0.00122
		大気中水分			0.00095
		湿地			0.00085
		河川水			0.00016
		生体内水分			0.00008
			97.5	2.4	0.01

変化に連動した体積変化も重要な役割を果たします.

「恵みの雨」ともいわれるように,淡水は私たちの生活には必要不可欠であり,飲料水としてだけではなく農業や工業において重要な資源です.特に農業では,淡水の確保がそのまま食料資源の確保につながり,乾燥気候帯では水不足が深刻な食糧問題に発展します.

地球表層部には約13億7000万 km^3 の水が存在していますが,その大半は海水であり,淡水として地球表層部に存在するのはわずか2.5%にすぎません(表1-1).その中では氷河の占める割合が最も大きく,2.5%の中で約7割に達します.もしも地球温暖化が進行すると,氷河や永久凍土が溶け出し,川を伝って短期間に海へ到達します.つまり,長年かけて陸上に蓄えられた淡水が短時間で塩水化してしまい,淡水の総量が2.5%から0.76%に落ち込んでしまいます.氷河と同様に,地下水も長い年月をかけて地層に浸み込んだ淡水(全体の0.75%に相当)であり,無駄遣いをすれば,やはり地球表層部の淡水総量が減少することになります.世界における河川水の存在割合は全体の0.00016%でしかなく,日本の状況はむしろ例外なのです.

日本が淡水に恵まれているのは暖流である黒潮やそこから分かれた対馬海流が太平洋側と日本海側の双方に流れているおかげで,水蒸気を定常的に多量発生する蒸留水製造装置が日本の南北に備わっていることになります.その上,日本付近は極循環とフェレル循環が会合する寒帯前線上に位置するため,その多量の水蒸気を冷却できる自然システム(梅雨前線や日本海側の豪雪)も完備されています.このような地理的条件が,日本を世界でも珍しい淡水の恩恵を享受できる国にしてくれています.

c.　海の塩辛さは河川がもたらす

海が塩辛い理由は,これまで述べてきた大気循環に伴った雨や雪などの淡水循

環に，河川や地下水が大きくかかわっていることが原因となっています．地球史の長い時間経過の中で，海水は大気や地殻と様々な化学反応を起こし，そのつど組成を大きく変えてきました．

　私たちが塩辛さを感じる原因は，舌の味蕾という部分でナトリウムイオン濃度を検知しているからです．つまり，海水中にナトリウムイオンが多く含まれているために私たちは海水を塩辛いと認識しています．では，どのようにして，海水中のナトリウムイオン濃度が増加したのでしょうか？

　水は，すでに触れたように分子量の小さな極性分子です．そのため溶解できる範囲が，金属や無機物のほか有機物にもおよぶ万能な溶媒です．

　たとえば，食卓塩（NaCl のイオン結合性結晶）が水に溶けていく状況を考えてみましょう．水中では，NaCl を構成する元素はイオンの状態にあり，ナトリウムイオンは陽イオン，塩素イオンは陰イオンとしてふるまいます．ナトリウムイオンの周囲には負に帯電した水分子の酸素原子側が，また塩素イオンには正に帯電した水素原子側が引きつけられます（図1-17）．このように水分子が溶質を取り囲んでいる状態を水和と呼び，各イオンでは水分子によってイオン結合が切り離されます．水分子をまとった状態で，各イオンは溶液中を自由に移動でき，「溶けた」という状態に達します．溶解度に差はあるものの，こういった過程で多くの物質が水に溶け込みます．

　陸上に降った雨や地下水となった水が岩石や土壌に浸透することで反応が開始され，様々な元素が溶け始めます．しかし，常温・常圧における岩石や土壌と水の間における反応はきわめて緩やかであるため，様々な元素はごく微量しか溶け出すことができません．したがって，私たちが地下水や川の水を飲んでも，塩辛く感じることはめったにありません．しかしこれらの淡水は，微量の金属イオンを含んだ状態で，海に戻ります．

　もう少し詳しくメカニズムを説明しましょう．海上で蒸発した水蒸気を，蒸留水（ナトリウムは含まれて

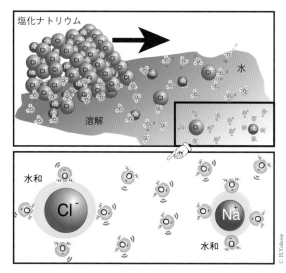

図1-17　水は様々な元素を溶かす：水和

いない）で満たされた大きなタンクを積んだトラックに例えます．トラックは，陸上でごく少量のナトリウムイオンを地殻（鉱物中のイオンや炭酸水素ナトリウムなど）から拾いあげ，タンクの中に入れます．このトラックは川に沿って海に到達し，ごく微量のナトリウムイオンが入ったタンクの水を海に流します．この一回の作業によって，海にはごく微量のナトリウムイオンが追加されます．このような作業を 1 日に 1 回行い，それを数億年単位で毎日続けたとしたら，海に加えられたナトリウムイオンは莫大な量に達します．さらにそのようなトラックが世界の河川に 1 台ずつ配置されていると考えたら，相当量のナトリウムが海に持ち込まれることは容易に想像できますね．

　海に対する元素の供給には，河川水だけではなく火山活動も重要な役割を果たします．硫酸イオンや塩素イオンなど，火山ガスとして放出されたものも最終的には海にたどり着きます．火山活動としては，陸上のみならず海底火山（特に中央海嶺）も重要で，海水と直接元素のやりとりを行い，海水成分を変化させます．このように，河川水，陸上および海底の火山活動を通じて海水中の様々な元素濃度が変化していきます．

　上記の説明だけなら，海水が年々塩辛くなるとの印象を持ちます．しかし海水中の吸着や沈殿作用によってナトリウムイオンが随時取り除かれます．たとえば，生物遺骸として海底堆積物となったり，海底火山活動に伴った熱水活動で溶岩や岩盤中に粘土鉱物の材料として消費されたりします．

　また，海水中の各元素濃度に対しては，溶存できる平均的な時間（滞留時間）の長短が反映されます．たとえば，塩素イオンの滞留時間は 1 億年で，ナトリウムイオンなら 6800 万年となり，アルミニウムイオンなら約 600 年と短くなっています．ですから，海水が塩辛い理由は，滞留時間の長いナトリウムイオンが，陸上の地殻から長年にわたって溶け出して海に追加されてきたからなのです．

d. 海水の組成比は一定

　海水を煮詰めていくと，溶解度の低い物質から析出を開始します．全量が約 19% になるまで煮詰めると炭酸カルシウム（$CaCO_3$）が析出します．その残液を半分（9.5%）まで煮詰めると硫酸カルシウム（$CaSO_4$）が析出し，さらに最初の量の 4% まで煮詰めると NaCl ができあがります．NaCl が析出した後，固体をすべて取り除いた残液はマグネシウムやカリウムの塩化物を主体とした液体で，一般に「にがり」と呼ばれています．それは，マグネシウムイオンが苦みを感じさせるからです．

　海洋研究の初期の頃から，海水中の塩分は 1 kg の海水を蒸発させたときに析出する塩類の総量として計測されています．平均的な海水 1 kg 中には水が

965.2 g 含まれており，塩類は残りの
34.8 g となります．一般に，塩分は
千分率（パーミル：‰）で表示され
ることが多く，この場合なら 34.8‰
となります．34.8 g の塩類には，主
に Cl⁻，Na⁺，SO₄²⁻，Mg²⁺，Ca²⁺，
K⁺ が含まれます（表1-2）．海水中
の主要成分の相対的な存在比は，基
本的に世界中のどの海域でもほぼ一
定と考えられています（Forchhammer's Principle）．

表1-2 海水 1kg 中における主要元素組成

標準的な海水1kg中の元素重量		g
水（H_2O）		965.20
塩類	塩素イオン（Cl^-）	19.20
	ナトリウムイオン（Na^+）	10.62
	硫酸イオン（SO_4^{2-}）	2.66
	マグネシウムイオン（Mg^{2+}）	1.28
	カルシウムイオン（Ca^{2+}）	0.40
	カリウムイオン（K^+）	0.38
	その他の元素	0.25

一方，淡水による希釈や蒸発による濃縮によって，採取された海水中の各元素の重量％は大きく変化します．大洋の表層塩分は，場所によって 33 ～ 37‰ に変化します．また，河川水などが流入する大陸棚地域や閉鎖的内湾を含めると，塩分の幅は 28 ～ 40‰ の範囲に拡大します．塩分が 25‰ よりも低い海水を汽水と呼び，主に河川が流入する河口域に発達します．逆に塩分が 40‰ よりも高い場合はハイパーサリン水と呼び，熱水活動が盛んな海底部や内陸部に形成された塩湖（死海：342‰，グレートソルトレイク：50 ～ 270‰）に存在します．

---── 第 **2** 章 ────

水の相変化がもたらす
海洋と大気の循環

● 地球の自転に伴う運動方向の変化（コリオリの効果）

● 地球を覆う大気循環（ハドレー循環，フェレル循環，極循環）

● 風によってつくり出される波（風浪）

● 大気循環によって生み出される海流（風成循環，亜熱帯循環，地衡流）

● 湧き上がる海水と気象現象（沿岸湧昇流，エル・ニーニョ現象）

● 潮汐を産み出す月と太陽の引力（潮汐力）

・・

　赤道周辺の熱帯地方では，真上から照りつける太陽放射によって海洋が暖められ，熱帯収束帯という大規模な上昇気流を形成します．一方，極域では地球放射によって，効果的に冷却が進み，乾いた冷たくて重たい空気が下降気流を形成します．これらの大気の流れは，コリオリの効果によって曲げられ，大まかに 3 つの大気循環（ハドレー循環・フェレル循環・極循環）を構築します．大気循環に伴って，中緯度の海面には偏西風や貿易風といった卓越風が吹きます．中緯度地方では，貿易風と偏西風，大陸，海面高度，コリオリの効果によって，海流がつくり出されます．大規模な大気循環によってもたらされる海流は風成循環と呼ばれ，インド洋，北太平洋，南太平洋，北大西洋，南大西洋などの亜熱帯循環がそれに相当します．このように大気と海洋の共同作業によって，地球の恒温化が促進されています．また，地球規模の波を形成する潮汐力も地球環境に一役買っています．

2.1　地球規模の水蒸気の流れ

a. 地球に働くコリオリの効果（力）

　地面と接することなく移動する飛行機や船は，地球表層から追跡した場合，その軌跡は何かの力で曲がったように見えます．直線的に移動したはずなのに，このように移動方向が曲がって見える現象をコリオリの効果（力）と呼びます．こ

れは，フランスの物理学者ガスパール゠ギュスターヴ・コリオリにちなんで命名されました．この効果は，地球が自転しているために発生しており，地球上で大規模に移動する海洋や大気の運動を理解する上で必要不可欠です．

　私たちは，宇宙空間を高速で移動している地球を体感することが難しいです．しかし，実際には赤道上にいる人なら秒速463 m というジェット戦闘機並みのマッハ1.4 で移動しています．反対に自転軸上の北極点や南極点では，移動速度が0になります（図2-1）．

　地球は，どの緯度にいても24 時間で1 回転することから，回転速度（あるいは角速度：速度÷半径）は一定となります．しかし，地球が球体であるため，それぞれの緯度に応じて地軸からの半径が異なります．そのため，赤道から北極（あるいは南極）に向かって速度が小さくなると同時に，遠心力も小さくなり，重力加速度（重力加速度＝引力＋遠心力）が大きくなります．したがって，速度の大きな赤道上では重力加速度が小さく（$9.78\,\mathrm{m/s^2}$），速度の小さな極域では大きく（$9.83\,\mathrm{m/s^2}$）なります．

　私たちは，このように回転する座標系で日々の暮らしを送っており，自分が実際接している座標とともに常に移動しています．そのため，座標系自体が移動していることを自覚するには，地上ではなく宇宙から観測する必要があります．

　もしも地球が円柱形で，地点 A から地点 B に向けて飛行機を速度 v_1 で飛ばしたとします（図2-1左）．地点 A および地点 B は円柱の表面にあることから，回転軸（自転軸）からの半径が等しく，速度も等しくなります（$v_a = v_b$）．ある時間後，地点 A は地点 A′ に，そして地点 B は地点 B′ に移動するとします．そのときの飛行経路を宇宙から眺めると，v_1 と v_a の合成ベクトルとして表すことができます．地点 A と地点 B はともに回転座標系内部にあって相対速度は0となるので，地点 A からは飛行機が直線的に地点 B′ に向かって飛んだと観測されます．

　それでは，球面上の移動の場合はどうでしょう．球面上の地点 C から

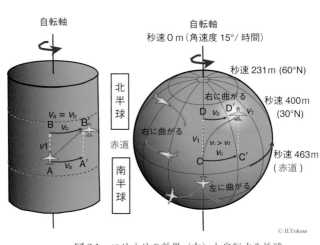

© H.Yokose

図2-1　コリオリの効果（力）と自転する地球

真北の地点 D に向けて, 同様に飛行機を速度 v_1 で飛ばします (図 2-1 右図). 地球の角速度は一定なので, ある時間後に地点 C が地点 C′ に到達するとき, 地点 D も同一経線上の地点 D′ に移動します. ところが地球が球面であるため, 回転軸からの半径が緯度によって異なり, 地点 C の移動速度 v_c は, 地点 D の速度 v_d より大きくなるのです.

宇宙から観測した場合, 飛行経路は v_1 と v_c の合成ベクトルとして表せるのですが, この軌跡を地理座標系に示すと, 飛行機は地点 D′ よりもさらに東に到達します. 一方, 同一経線上にある地点 C と地点 D は, 回転座標系内部では固定点とみなされるので, 飛行機が見かけの予定点よりも右側にずれて飛んだと錯覚されます. 南北方向に移動する物体のずれは, このような観測点の相対速度の違いで説明できます.

相対速度の差は高緯度ほど大きくなり, ずれも拡大します. また速度差の向きは北半球と南半球で逆であるため, 軌跡の進行方向に対する曲がり方も, 右 (北半球) から左 (南半球) に変わります.

コリオリの効果による影響は, 東西方向の移動でも現れます. 軌跡のずれ方は南北移動と同様に, 北半球では進行方向に対して右に曲がり, 南半球では左に曲がります. 相対速度に差のない同一緯線上の移動なのに, なぜ曲がって見えるのでしょうか.

それは, 地球上の各地点が重力と自転に伴う遠心力とのバランスによって現在の位置を保持していることに原因があります. 遠心力が減少するとより重力の強い極側に引き寄せられ, 遠心力が増加するとより重力の小さな赤道側に引き寄せられます. 北半球で, 東に向かって移動する場合, 地上で保持していた回転速度に物体の速度が加算され, 遠心力が増大します. その結果, バランスのとれる赤道側 (進行方向に対して右側) へ進路がずれます. これとは逆に, 西に向かうと回転速度から物体の移動速度が減算され, 遠心力が減少し, 重力の大きな極側, つまり右側にずれてバランスをとるのです.

このように, 地表と接することなしに移動する物体を地球上から観測する場合, 南北でも東西でも移動する方向に関わりなく, 北半球では進行方向に対して右に曲がって見え, 南半球では左に曲がって見えます. また, 球面上の移動であるため, 回転軸からの半径は高緯度ほど変化が大きく, 低緯度ほど変化が小さくなります. そのためコリオリの効果は, 高緯度ほど大きく影響し, 低緯度ほど小さくなります. そして赤道上の移動の場合は, 円柱状態と同じことになり, 回転成分も発生しないため, コリオリの効果が働きません.

ある質量の物体が移動中に受けるコリオリの効果は, 次の一般式で表せます.
コリオリの効果＝2 × 地球自転の角速度× sin (緯度) ×物体の速度×物体の質量

つまり，コリオリの効果は，物体の速度や質量が大きいほど大きく，また高緯度ほど大きく（sin 90° = 1 に近づくため）なります．一方，赤道近傍では，緯度の項が 0 になる（sin 0° = 0）ため，コリオリの効果が働きません．

b. 上昇気流と下降気流で循環をつくり出せ

冬の室内を想像してください．冷たくなった部屋を温めるためにオイルヒーターに電源を入れると，ヒーターの上部から温かい空気が上昇します．その空気が天井へ向けて移動すると，ヒーターの足元では空気が薄くなる（減圧する）ので，周囲から冷たい空気が吸い込まれます．そして天井に温まった空気がたまり始めると，一部は窓などで冷却され下降流となり，壁に沿って床に戻ります．このようにして部屋には，空気の循環（対流）がはじまります．注目すべき点は，空気の加熱や冷却によってつくり出される上下方向の流れが，横方向の空気の流れを二次的に誘発することです．こうして，部屋を一巡する空気の流れ（対流セル）がつくり出されます．対流は，局所的なヒーターの熱が空気を介して効率的に拡散し，部屋全体を暖めます．

さて，自然界における対流セルの身近な例の1つに海陸風（かいりくふう）があります．この現象は，熱しやすく冷めやすい陸地（比熱容量が小さい）と，熱しにくく冷めにくい海（水分子間の水素結合のため比熱容量が大きい）が接するところで発生します（図 2-2）．

日本の夏であれば，太陽放射が地面を暖め水蒸気も発生します．その熱が間接的に直上の空気を 30℃ くらいまで暖めるため，大量の水蒸気を吸収できるようになります．この暖められた空気は相対的に軽くなり，上昇気流をつくり出します．一方，隣接する海では陸地ほど温度が上がらず，25℃ くらいで一定だったと仮定します．

陸側の活発な上昇気流に伴って地面では気圧の低い地域が形成されます．すると気圧の低い地面に向かって，気圧の高い低温の海側から空気が流れ込み，海側

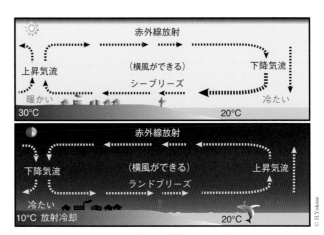

図 2-2　海陸風の発生メカニズム

から陸側に向かう横風ができます．このようにして地面では，太陽で暑くなった地面にさわやかな海風（シーブリーズ）がもたらされます．

一方，上空では上昇気流の発生に伴って，同高度の周囲に対して気圧の高い地域が形成され，この気圧差によって地面とは逆向きの風が吹きます．この上空の風は，赤外線放射をしながら冷却され拡散していきます．海域では，陸に移動した空気を補うように上空から下降流が発生します．このようにして，陸域・大気・海域を巡る対流セルが構築されます．

日も暮れて夜になると，比熱容量の小さな陸域は放射冷却によって効率的に冷やされます．仮に，20℃くらいまで温度が低下したとしましょう．そのとき，比熱容量の大きな海は冷却が進まず，水温25℃が維持されます．これによって，陸域と海域における温度の逆転が生じ，今度は海側で上昇気流が発生します．すると，希薄になった海域の空気を補うように陸域から空気が流れ込んできて，陸風（ランドブリーズ）が吹くことになります．このようにして，風向きが逆の対流セルができあがります．

地球規模で起こる季節風もスケールの違いはあるものの，基本的には海陸風と同じメカニズムで，太陽放射による地面の加熱や水蒸気の追加による上昇気流と赤外線放射による冷却に伴った下降気流が原動力となって，境界面に沿った横方向の空気の流れに変わります．

c. 海洋がもたらす地球規模の上昇気流

季節変化が少なく，定常的に加熱されている熱帯地域では，大量の水蒸気が海上から大気に供給されているため，常に湿った暖かい空気塊が上昇します．赤道地域における大気の上昇は他地域に比して圧倒的に活発で，対流圏界面高度を約17 km 上空まで押し上げています．

活発な上昇気流が発生しない亜熱帯地域では，対流圏界面高度が約11 km 地点に位置し，それよりも上層では空気が薄く，気圧も低くなります．つまり，亜熱帯地域の高度約11 km の地点と比べて，熱帯地域はさらに上空に厚さ6 km の空気の層が存在することになります．そのため，熱帯地域の高度11 km 地点の気圧は，亜熱帯地域の同高度に比べ高くなり，熱帯地域から亜熱帯地域に向かって気圧の差（気圧傾度力）が発生し，上空の高層大気では赤道から亜熱帯地域に向けて空気が流れ出します．こうした横方向への大気の流れによって，熱帯地域は低気圧になり，逆に亜熱帯地域は高気圧となります．以上のようにして，熱帯地域と亜熱帯地域の間に，大規模な大気循環セルであるハドレー循環が構築されます（図 2-3）．

ハドレー循環において上昇気流が卓越し，周囲から多量の湿った空気を吸い込

み続ける地域を熱帯収束帯と呼んでいます．そこではほぼ連続的に湿った暖かい空気が海面から供給されるため，多量の雲粒を一定の領域に継続的にもたらします．そして，上昇気流の真下に多量の雨が降るため，高温多雨気候が熱

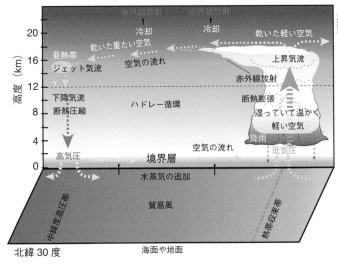

図 2-3　熱帯収束帯とハドレー循環

帯収束帯周辺地域に発達します．熱帯収束帯の位置は，地軸の傾きのため季節によって南北に移動します．この移動が，熱帯地域の雨季と乾季の周期をつくり出します．

　さて，対流圏界面に到達した水蒸気に乏しい空気塊は，気圧傾度力とコリオリの効果によって，亜熱帯地域の上空へ進みながら，その進行方向の右側へ曲がっていきます．合わせて，赤外線放射による冷却過程が進み，空気は高密度化すると，亜熱帯地域の上空から地表へ一気に下降し，亜熱帯高圧帯を形成します．この下降気流に伴って，空気塊は断熱圧縮され過熱します．このようにして，亜熱帯高圧帯は，暖かく乾燥した空気が1年中降下してくる場所になります．

　下降気流は地球表層に到達すると南北に分かれて横風となります．北半球では，赤道方向に向かった気流が，コリオリの効果によって進行方向の右側に曲げられ貿易風となり，一方中緯度地域に向かった風も進行方向の右側に進路が変えられ偏西風となります．

　亜熱帯高圧帯から吹き出した貿易風や偏西風は，乾燥した暖かい空気塊であるため，地球表面を吹き抜けていく途中で多量の水蒸気を吸収できます．そのため，亜熱帯高圧帯の発達する陸上地域は，おおむね砂漠（亜熱帯砂漠）が広がります．貿易風は，たくさんの水蒸気を吸収し，最後には北半球と南半球の貿易風がぶつかり合って熱帯収束帯を形成し，再び上昇気流に転じます．

　熱帯地域から亜熱帯地域にかけて，コリオリの効果で曲げられたらせん状のハドレー循環は，亜熱帯高圧帯とそれに伴う貿易風や偏西風といった卓越風を安定

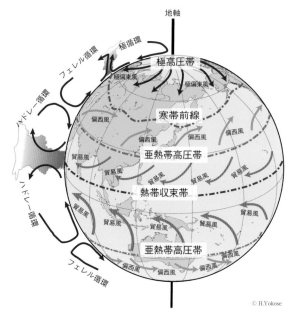

化します（図2-4）.

　熱帯収束帯の対極に位置するのが，極域に存在する極高圧帯です．ここでは赤道地域とは逆に，赤外線放射による冷却過程が勝っており，定常的に空気塊の高密度化に伴った下降気流が卓越します．加えて，下降気流でもたらされる高層の減圧状況を補うように，中緯度地域から空気が流れ込みます．極域の対流圏界面高

図 2-4　大気循環モデル（ハドレー循環・フェレル循環・極循環）

度は6km程度しかなく，断熱圧縮による加熱効果もさほど起こらず，乾いた冷たい風が定常的につくり出されます．この極高圧帯で発生する下降気流は，地表を吹き過ぎていく中でコリオリの効果を受け，西側へ曲がる極偏東風となります．

　極偏東風が南下して，相対的に高温の偏西風にぶつかると寒帯前線をつくります．この前線帯の位置は，地域性や季節変化によって緯度30〜60の範囲を変動します．乾いた冷たい極偏東風と湿った暖かい偏西風の温度差はきわめて大きいため，両者の境界においては活発な上昇気流が発生し，温帯低気圧に発達します．寒帯前線で，上昇した極偏東風は，対流圏界面に沿って極地域に戻る極循環を形成します．一方，寒帯前線で上昇した偏西風は亜熱帯高圧帯の下降流に引きずられて，対流圏界面に沿って移動するフェレル循環となります．

　地上から1000mまでは大気境界層（境界層）と呼ばれ，地表の凹凸に伴う摩擦（渦粘性）を考慮する必要がありますが，それより上空の対流圏ではおおむね自由大気とみなせ，摩擦抵抗を無視できる力学的な理想流体となります．したがって，高層大気では，気圧傾度力とコリオリの効果がつりあい，等圧線に沿った地衡風となります．この地衡風は，極循環とフェレル循環の境界では寒帯ジェット気流となり，フェレル循環とハドレー循環の境界部では亜熱帯ジェット気流をつくり出します．いずれも気圧傾度方向に直交する，西から東に向かって

定常的に吹く強い風となります.

　ハドレー循環, フェレル循環, 極循環は, 地球の大気循環を単純化したモデルで, 実際とは少し異なります. しかし, 湿った暖かい空気が上昇する熱帯収束帯や寒帯前線では降水量が多く, 乾いた空気が下降する亜熱帯高圧帯や極高圧帯では降水量が少なく, 乾燥地域が広がっていることを明確に示しています (図2-5).

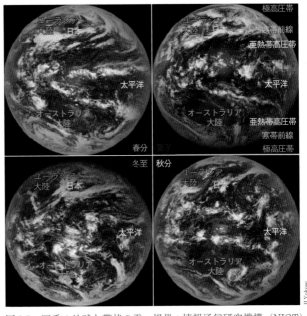

図 2-5　四季の地球と帯状の雲　提供：情報通信研究機構 (NICT)

　大気の上昇や下降をコントロールする上で, 空気塊の温度や水蒸気量が地面の状況に大きく依存するため, 実際には地球を横断する単純な帯状の気圧配置として示すことはできません. つまり, 地球表面における地域性 (海域, 陸域, 氷で覆われた地域や標高の高い山脈など) が一様でないため, 気圧配置は季節によって帯状が崩れます. たとえば, 冬場のユーラシア大陸の中心付近では, 乾燥した冷たい空気塊からなるシベリア高気圧というエリアが発達します.

　地球規模の大気循環は水蒸気の相転移によって駆動されており, 太陽放射による地球上の温度的不均衡をなるべく平坦化するように働きます. もしも地球温暖化が進行すれば, ハドレー循環がより高緯度側に張り出して亜熱帯高圧帯に覆われる領域が拡大することでしょう. すると, 砂漠地域が中緯度に拡大することが予想されます. 逆に寒冷化が進めば, ハドレー循環は縮小し, 極循環が低緯度地域に向けて拡大することも容易に想像できます. このように, 地球温暖化は, 大気循環に大きな影響を与えます. 過去において, 人類の拡散過程がこの大気循環パターンの変化によってもたらされました (第5章参照).

d.　大気循環で決まる海洋表層の塩分

　図2-6上図は, 1987年から2014年までに取得された海洋地域の蒸発量-降水量の平均値を示しています. この図は, 基本となる降水量や蒸発量を人工衛星の気

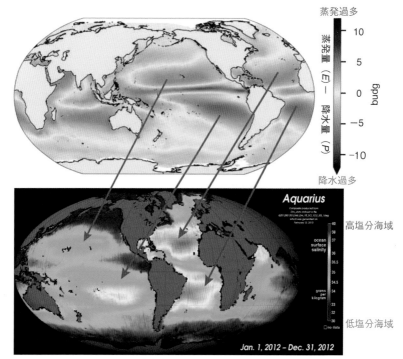

図 2-6　大気循環で決まる海水の表層塩分
上図：1987 年から 2014 年間における蒸発量（E）−降水量（P）の平均値（出典：
Wikimedia File, EMP mean 1987 2014.png に加筆）．下図：人工衛星による海水表
面の塩分測定（出典：NASA）

象観測データに基づいて描きだされています．
　現代のような人工衛星技術が発達する以前は，大海原の塩分を主に船舶や浮
標によって取得していたために，広範囲をリアルタイムで測定することは困
難でした．今では，人工衛星に搭載されたマイクロ波センサーが，海面上 1 〜
2 cm の位置にある海面温度と塩分を計測できます．これらによって，海洋と大
気における水循環がより詳細に理解されています．
　図 2-6 上図の青色で示されている赤道周辺地域は，降水過多地帯であり，おお
むね熱帯収束帯に対応しています．一方，同図中で赤色に示された中緯度地域の
蒸発過多地帯は，亜熱帯高圧帯に対応します．緯度 30 〜 60 度の範囲に認められ
る降水が比較的多い地帯は，寒帯前線を表します．さらに，大陸周辺の大部分と
極域は，降水量がやや優っている地域とみなせます．このように，各地域におけ
る蒸発と降水のバランスは，地表面における大気循環を反映しています．
　次に，海洋表層における塩分について見てみましょう（図 2-6 下図）．この図

から，次のようにまとめることができます．①亜熱帯地域と地中海が比較的高塩分，②赤道周辺は隣接する亜熱帯地域に比べ低塩分，③大西洋は太平洋に比べて36‰以上（黄色より暖色系）の海域が広がる，④北太平洋の大陸周辺部は低塩分，⑤ベーリング海周辺は32‰以下（紫色）の低塩分．

南北半球の亜熱帯地域に発達する高塩分海域から東西に目を移すと，陸上部に砂漠地帯が広がります．つまり，これらの高塩分を示す海域は高温の乾燥した空気塊が降下する亜熱帯高圧帯の真下に存在し，さらに亜熱帯循環の中心部付近に塩分の極大値が示されます．一方，相対的に低塩分の赤道地域は熱帯収束帯に相当し，熱帯気候を反映しています．そして，大陸周辺が低塩分なのは，河川からの淡水流入による希釈効果と解釈されます．以上のように，大気循環に伴う蒸発量や降水量の地域性，海流による海水の移動パターンが，海面表層部における塩分変化をコントロールしています．

海洋表層の塩分変化は大気と海洋の相互作用で決定するとみなせることから，詳細な塩分の分布状況が把握できれば，海上における蒸発と降水のバランスを地球全体で検討できるようになります．つまり，海水から大気に移動した水分量を塩分測定だけで間接的に見積もることができ，気象変化を的確にとらえる情報源となり得るのです．このように自然現象の歯車は，水を介して巧妙にかみ合って営まれています．

2.2 大気循環がつくり出す海の波

a. 風浪の成長過程

波という言葉で思い浮かべるのは，池に小石を投げ落としたときにできる波面の広がりでしょうか．この波面は，石の落下地点から四方に進んでいく波（進行波）となります．一見すると，水そのものが波とともに移動しているように見えますが，水はその場で円運動をして周囲の物質にその振動を伝播しているだけのエネルギー伝達現象となります．

波を構成する各部位は以下のようになります：波の最も高い部分は波頭（峰），波頭と波頭の間の最も低い部分を谷（波底），波頭から近接する谷までの距離を波高（H），隣り合う波頭（あるいは谷）間の距離を波長（L）．

さらに，1つの波が通過するまでの期間を周期（T）といい，逆に1秒間に定点を通過する波の数を周波数（f）と呼びます．周波数と周期は，$f = 1/T$という関係をもちます．

波の発生に伴って形成された水分子の円運動は，水深とともにその半径が小さくなります．波長の半分（$L/2$）くらいの水深まで到達すると，円運動の半径は表面の23分の1程度に縮小され，波の影響がほとんどなくなります．少々荒れ

た海であっても，15 m ほど潜水すれば，海中は穏やかになります．

　海面に近い水の円運動は，波の進行方向に少しだけずれます．このずれをストークスドリフトと呼び，風によって海水が吹き流される流れ（吹送流）の原動力です．

　波をつくり出す力を摂動力と呼び，大気循環などに伴う横風が海面に作用する力（風応力）である場合は，表面張力波や風浪（風波）が発生します．摂動力が巨大な地殻変動を伴う海底地震の場合は，巨大な津波が発生します．津波の摂動力としては，そのほかにも海底斜面の巨大地滑り，火山島の噴火，山体崩壊，そして小惑星の衝突などが挙げられます．

　これらの波は，発生源から減衰しながら広がっていく自由波です．一方，地球と月や太陽の引力が原因となって起こる潮汐波は，天体の運動によって定常的に波形が維持されるため強制波と呼ばれます．潮汐波は，地球半周に相当する波長（2 万 km）を有する巨大な波です．また，湾内などで共振を起こして発生する定常波を副振動（静振，あびき）と呼び，気圧の変化や地震などが摂動力となります．

　海面は，水分子が水素結合をしているため，伸び縮みできる薄膜で覆われているような状態（表面張力）を持っています．海面に風が吹くと，風応力によって表面が変形し，波の形が現れます．持ち上げられた海面は，復元力（表面張力や重力）によって下方に戻ります．このとき，海面は最初の水平面を通り過ぎて，引き上げられた高さに相当する深さ分まで下がります．以上のようにして，海面では上下振動が開始し，波形が安定します．風浪で復元力が表面張力の場合は，波長が 1.7 cm 以下の表面張力波（漣）となり，このような穏やかな海況を凪と呼んでいます．

　さらに風が強く，波が大きくなると海面波形の風下側は，波自体が風応力の障害物となるため，気流に乱れが生じ渦をつくります（遮蔽効果）．波形が大きくなるにつれて気流の渦が増大し，減圧効果が発生して海面が持ち上がります．一方，波の風上側では，波面に風圧が加わり海面降下が発生します．このようにして海面の波高は増大し，復元力は重力になり重力波と呼ばれるようになります（図 2-7）．風速が波の速度の 3 倍程度の場合に，海面波形による遮蔽効果は最大化し，波の成長も最大化します．一般的な風浪の形状は，波頭の丸い正弦波型ではなく，サイクロイドのような波頭が鋭角な波形になります．

　風応力の一部は海水を移動させますが，大部分は波を形成するエネルギーに費やされます．風浪の成長には，風の強さ（風速），吹き続けている時間（連吹時間），そして一定方向に吹いている領域の長さ（吹送距離）の 3 つが重要です．風速が波の進む速度以下になると，風浪はおさまり始めます．

嵐の中では，様々に変化する強い風応力が長時間，長距離にわたって一定の領域に吹き続けるため，様々な波高をもった波が次々と生産されます．この波高は，船舶の安全航行において重要な情報

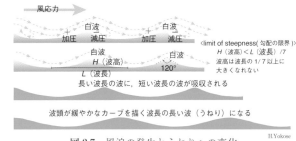

図 2-7　風浪の発生とうねりへの変化

です．波高の統計的な指標として有義波高（$H_{1/3}$）が設定されていますが，これはある地点においてある期間に観測した波高のうち，大きい方から 3 分の 1 を抽出して平均化した値です．また，類似の指標であるビューフォートスケールでは，海況，風速と有義波高の関連性が示されています．

　風応力の強さや継続期間に関わりなく，大海原における波高と波長の比（H/L）はおおむね 0.03 ～ 0.06 に収まり，ごくまれに 0.1 を超えるくらいです．波高と波長の比が 1 : 7 を超えると，波頭は白波や砕波となって壊れ始め，それ以上波高が高くなることはできません（図 2-7）．

　風速が 5 ～ 15 m/s に達すると，白波が発生します．この白波を欧米では white cap や white horse と呼び，日本でも白兎に例えられています．白波や砕波は，海洋と大気の間における大気成分の混合や，水蒸気の発生，海塩粒子の生成など，地球環境を左右する重要なプロセスと密接に関わっています．

b. 波の速度と水深の関係

　海面を伝播する波は，波長と水深によって 3 つに分けられます（図 2-8）：深海波，中間波，浅海波．

　深海波は，水深（d）が半波長（$L/2$）よりも深い場合（$d > L/2$）の波で，水分子の円運動は海底面に及びません．大陸棚を除く大部分の外洋水深が 150 m よりもはるかに深いため，大海原で発生する風浪はおおむね深海波です．

　深海波の速度は，　$C = \sqrt{gL/2\pi}$　と表せます（波の速度は物体の

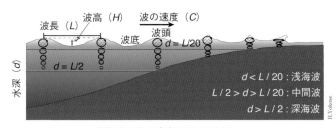

図 2-8　波の速度における区分

速度ではないため，一般にvではなくCが用いられます．Celerity）．この式に$g = 9.8\,\mathrm{m/s^2}$（重力加速度）と$\pi = 3.14$を代入すると，$C = 1.25\sqrt{L}$となります．しかし，海上で波長を確認するのは難しいため，波長を周期に入れ替えて，$C = gT/2\pi = 1.56\,T$と単純化できます．

　浅海波は，水深が波長の20分の1以下の場合（$d < L/20$）に相当し，波を形成する水分子の円運動がまだ十分大きい状況で海底面に接します．そのため，円運動は海底面に近づくにつれて扁平し，海底面では前後方向の動きに変化します．このことは，海底を漂う海藻の切れ端が前後に動く様子で確認できます．

　浅海波の速度は，$C = \sqrt{gd} = 3.1\sqrt{d}$と表せるため，波の速度が水深の関数となります．深海波であった風浪も，水深が浅くなる沿岸域に到達すると浅海波に変わります．また巨大津波や潮汐は，波長がそれぞれ200 kmや2万 kmにも達するため，水深は$L/20$以下となり，浅海波に分類されます．つまり，浅海波は海底面の影響を大きく受ける波であり，海底地形が進行方向や速度に大きく影響します．

c. 海岸に打ち寄せる波の発生場所

　風応力が弱まったり，なくなったりすると，復元力と海水中の水分子の円運動に伴うエネルギー消費によって，波高はしだいに低くなり，平滑化が始まります．そのときの波形は，波長が長くなるとともに波高が低くなります．様々な波長の波は，しだいに大きくて波頭の滑らかなサインカーブ状の波に吸収されて，波高／波長の比が小さなうねりへと変貌します．また，うねりと風浪をまとめて波浪と呼んでいます．

　外洋域では風浪が深海波であることから，波の速度＝$1.25\sqrt{L}$で求められます．風浪の主な波長領域が60〜150 mであることから，波の速度範囲は9.7〜15.3 m/s（約19〜30ノット）と計算できます．つまり，波長の長い波ほどより速く移動できるため，洋上の台風や低気圧に伴って形成された風浪は，しだいに波長の長いうねりへと変わりスピードが増します．そして，低気圧や台風よりも移動速度の速いうねりは，一足先に遠方の海岸へとたどり着きます．

　遮蔽物のない大海原で強風が発生しやすい環境が整うと，風浪は効率的に生産されます．寒帯前線が構築されている南北半球の中・高緯度地域では温帯低気圧がしばしば発生する上，常に強い西風が吹く海域でもあり，風浪の発生しやすい環境といえます．特に冬場の寒帯前線では，偏西風が強く吹き，平均風速が15 m/sを超す強い風が吹く地域（暴風圏）がしばしば発生します．

　南半球は北半球と違い，寒帯前線の発生する緯度に山脈は存在せず，風が妨げられません．そのため，南半球の冬場に暴風圏が多発する海域が緯度ごとに，吹

える 40 度，狂う 50 度，絶叫する 60 度などと呼ばれています．また，日本列島の東側にあたる北太平洋も寒帯前線が存在する海域であり，しばしば北半球の冬場に発達した温帯低気圧が暴風圏をもたらします．

南極大陸の周辺海域で発生した南半球の冬場の暴風圏は大きな風浪を形成し，うねりとなって太平洋からインド洋の広い範囲の海岸に押し寄せます．一方，北半球の冬場は，アリューシャン列島周辺や日本列島の東に暴風圏が形成され大波が発生します．そこから派生したうねりは，太平洋の島々やアメリカ大陸西岸に到達します．それゆえハワイ諸島にも大きなうねりが遮られることなく到達でき，北半球のオアフ島北岸では，夏ではなく晩秋から冬にかけて，サーフィンのベストシーズンを迎えます．このように，どこかで発生した風浪が，自由波となって世界の海を旅して，様々な地域の海岸にたどり着きます．

d. 波の形と水深変化

波の形状が理解できるようになると，海底地形の変化が読み取れ，サーフィンや釣りなどに役立つほか，離岸流（りがんりゅう）の危険を回避できます．

洋上で発生した風浪は，深海波のうねりとなって海岸に到達し，水深の変化に伴って中間波，浅海波へと移り変わります．水深が浅くなるにつれて，波の速度は遅くなります．周期一定の波が減速すると波長は短くなり，波高が高くなります．しかし，波の波高は無限に増大することはできず，波高と波長の比が 1：7 に到達すると，波頭が崩れ出して白波となります．

さらに浅くなると，海底の波の動きがさらに遅くなり，海面の水の動きが海底面の動きを超えます．すると波頭が海底部分よりも先行するようになり，前面部に倒れこみ砕けます．このタイプの砕波は，波高と水深の比が 3：4 に達した場所で起こります．砕波後の海水は，かき乱された寄せ波となって海岸を駆け上がります．砕波の発生する場所から海岸までを，砕波帯（サーフゾーン）と呼んでいます．

砕波形状や発生位置は，海底地形の傾斜角や波の波長・波高・周期などの要素が複雑に絡み合って，決定されます．また，潮汐によって水深が時間変化するため，砕波条件は単純化できません．

波の進行方向に対してきわめて緩やかに海底斜面が浅くなる場合は，波頭が泡立ったり攪拌されたりする崩れ波が発生します．若干傾斜のある海底斜面上では，波の前面部に波頭が倒れこむように，カールしながら崩れる巻き波砕波となります．

この巻き波砕波は，サーフィンの映像などでなじみ深い形状です．さらに海底面の傾斜が増すと，波頭前面部の狭い範囲で前方への張り出しが発生して崩れ

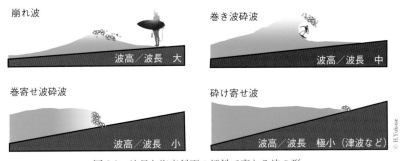

図 2-9　波長と海底斜面の傾斜で変わる波の形

る，巻寄せ波砕波となります．そして，岩礁地帯のようなきわめて急峻な海底地
形の場合は，波頭が砕けることなく一気にせり上がってくる，砕け寄せ波となり
ます（図 2-9）．

　このように，波のエネルギーは最終的には海岸を駆け上がる寄せ波となって海
水を上陸させます．海水の運動エネルギーに変換された波エネルギーは，海岸域
において様々な浸食や崩壊をもたらしたり，堆積物を運搬したりします．海岸に
打ち寄せた海水は，その後引き波となって海に戻ります．

　引き波は，しばしば海底付近の狭い範囲に集中する速い流れの離岸流となって
沖合に戻ります．この離岸流は，しばしば遊泳者を沖合に押し流してしまうこと
があり，危険な流れという認識が必要です．離岸流の発生する地域は，海底浸食
が強く，周囲より深くなっています．もしも，サーフゾーンに波の切れ目がある
場合は，離岸流の危険地帯の可能性が高いです．

2.3　波がつくり出す海流

　世界には○○海流と名前のつく流れがたくさんあります．日本周辺にも，黒潮
や親潮といった海流があります．黒潮は，黒潮続流，北太平洋海流，カリフォル
ニア海流，北赤道海流，そして黒潮へと巡る環流（北太平洋亜熱帯循環）の一部
分です．また親潮は，カムチャツカ海流が日本列島の東北地方東岸に南下した海
流で，アラスカ海流や北太平洋海流とともに反時計回りの環流の一部です．

　海水の流れには，海流と潮流があります．潮流は，周期的に流れる向きが変わ
る特徴があり，海流とは大きく異なります．この流れは潮の干満によってもたら
され，たとえば大潮のときの鳴門海峡では，潮流は 5 m/s にも達します．一方海
流は，一定の方向にゆっくり（25 cm ～ 1 m/s）と流れます．

　大海原で発生する地球規模の大きな流れである海流と潮流のエネルギー源は，
それぞれ大気循環と引力です．ここでは，大気循環と引力がどのようにして海流

や潮流を形成しているかを解説します.

a. 風向きと海流の方向は一致しない

コーヒーの表面を漂うミルクに息を吹きかけると, ミルクはその方向に流れることを経験された人は多いことでしょう. 海流の原動力は, 大気循環で発生する横風でコーヒーの状況に類似しますが, 海流の流れの向きと風向きは一致しません. これは, 貿易風や偏西風といった卓越風が海面を長時間・長距離にわたって地球規模で吹き続けると, コリオリの効果が海流に影響を及ぼし始め, 様々な変化が起こります.

1890 年代に北極海を探検した, ノルウェーのフリチョフ・ナンセンは, 流氷が風の方向に沿って流れず, 20 ～ 40 度右にずれながら流れることを発見しました. この不思議な現象に対し, スウェーデンの海洋物理学者ヴァン・ヴァルフリート・エクマンは, 吹送流におけるコリオリの効果と渦粘性を加味した物理的な解釈を展開しました. 彼の解析によって, エクマン螺旋, エクマン輸送, エクマン層などの概念が生み出され, 海流の動きの理解につながりました.

風が海面上を吹くと, 風応力は空気と海面との境界に発生する空気の渦（摩擦）によって伝達され, 海水が流れ出します（吹送流）. 風応力は海面に波をつくり出すほか, 海水を移動させます. その強さは境界面周囲の状況と風速の 2 乗に比例し, 経験則的には風速の 3% ほどが海水の流速に変換されます.

風から海面に伝達された風応力が小さいときには, 海水は分子や原子間の摩擦（分子粘性）が主体となる層流となります. しかし風応力がしだいに増大すると流れ出した層内に乱れが生じ（乱流状態）, 層内に発生した渦が歯車のように周囲と噛み合って（渦粘性）, 垂直方向や水平方向に流れを伝達します. 海水が海面で受け取った風応力は, 摩擦などによってエネルギーを少しずつ減じながら, この渦粘性によって下層へと伝達されます（垂直方向に比べ, 水平方向は 1 万倍ほど伝達効率が高い）.

このように, 直接風応力に応答するのは海面のみで, それよりも下位の海水は上位の海水によって引きずられながら運動します. 海流は地球規模の運動なので, 海水の移動に伴ってコリオリの効果が影響します. この場合, 大気循環と同様に, 北半球では進行方向に対して右に, 南半球では進行方向に対して左にずれます. 北半球で, 風応力に応答する海水の流速ベクトルの深さ方向における変化を図 2-10 に示します.

北半球において, 一定の風応力のもと, コリオリの効果と海水の摩擦力が平衡状態に達し, かつ水深が十分深い場合, 表層海水は風向きに対して右側へ 45 度ずれた位置で定常流となります. そしてその表層流が下層の海水を駆動し, さ

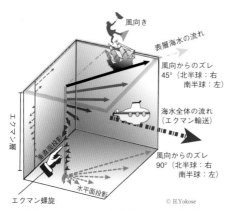

図 2-10　エクマン螺旋とエクマン輸送
表層海水の流れは，風向きから，北半球で
は右に，南半球では左にそれぞれ 45 度ずれ
る．また海水全体の流れは，風向きから，
北半球では右に，南半球では左にそれぞれ
90 度ずれる．

らに右側へずらすとともに，摩擦に
よって減速します．これが連続的に
積み重なって，流速が 0 となる深度
（エクマン層）まで連続する螺旋状
ベクトル（エクマン螺旋）が完成し
ます．

　この海水の流れをエクマン層全体
で積分すると，風向きに対して 90
度右側（北半球）に海水は輸送され
ている（エクマン輸送）とみなせま
す．このエクマン輸送は，海流の形
成機構，エル・ニーニョ現象や高潮
被害を理解する上で重要です．

b. 貿易風と偏西風によってつくり出される亜熱帯循環

　北太平洋亜熱帯循環を例に，卓越風と海流の関係を考えてみましょう．亜熱帯
高圧帯を中心に，低緯度地域では貿易風が北東から南西方向に吹きます．する
とエクマン輸送によって，海水は風向きの 90 度右側に相当する北西方向に流れ
ることになります．貿易風は中緯度から低緯度にかけて平行に吹いていることか
ら，同地域における海水も帯状に北西方向に流れます．一方，低緯度地域の亜熱
帯循環は北赤道海流で，東から西に向かって流れており，貿易風の方向とも，エ
クマン輸送の方向とも一致しません．

　また，亜熱帯高圧帯から北の偏西風は，南西方向から北東方向に向けて定常的
に吹く風です．したがって海水は，90 度右側に相当する南東方向に流れること
になります．ところがここでも，北太平洋海流が西から東に向かって流れてお
り，偏西風の方向と異なります．

　貿易風と偏西風によってエクマン輸送された海水は，亜熱帯高圧帯の周辺で鉢
合わせとなり，中心部では海面が盛り上がります．もしも大陸が存在しなけれ
ば，貿易風と偏西風でかき集められた海水は亜熱帯地域で盛り上がる蒲鉾状と
なって地球を一周することでしょう．しかし，現実には東西を大陸で閉ざされて
いるため，亜熱帯地域の一部に盛り上がりが生じます（図 2-11 上図）．

　卓越風によって南北のエクマン輸送が維持されるため，水面は周辺よりも若干
高い状況が常に継続されます．人工衛星による観測では，日本の南の海上（北緯
20 ～ 30 度の範囲）にも平均海面高度の高い部分が存在し，日本列島周辺の低い

部分と比べると約2m高くなります（図2-11下図）.

海面に高低差ができあがると, 海面高度の高い部分が低い部分に比べて高圧になるため, 両者間に圧力勾配力が生じ, 海水は高圧側から低圧側へ流れ出します. このとき, 流れに対してコリオリの効果が影響し, 最高点から流れ出した海水が右向きに曲げられます. 最終的には圧力勾配力とコリオリの効果の向きが

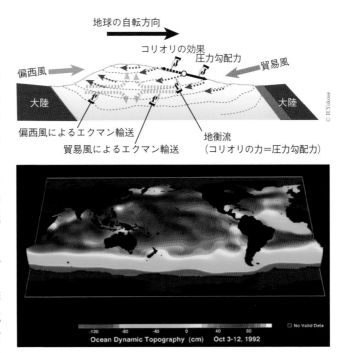

図 2-11 亜熱帯循環の形成過程
上図：亜熱帯循環の発生モデル. 下図：人工衛星による海面高度の計測結果（出典：NASA/JPL）

正反対で, 大きさが等しくなる地点でつりあい, 海流は圧力勾配の等圧線に沿って流れ出す地衡流となります.

したがって, 海流は風向きともエクマン輸送とも違う向きに定常的に流れることになるのです. この亜熱帯循環のように, 風応力とコリオリの効果によって海水が循環する場合を風成循環と呼びます. そして, 亜熱帯循環の西側に相当する黒潮やメキシコ湾流（湾流）では, 環流の他の部分と比べ流速が速く, 幅も狭く, 深いところまで海流の影響が及びます（西岸強化）. 地衡流の基点となる海面高度の最高点も亜熱帯循環の西側に存在します（図2-11下図の赤～白色部）.

この西岸強化は, コリオリの効果の緯度方向における変化が原因と考えられています. つまり北半球の場合, 亜熱帯循環の北側では, 赤道周辺と違ってコリオリの効果が大きく作用し, 海流が西から東に進むにつれて五月雨式に右側（赤道側）にずれて流れます. そのため, 亜熱帯循環北側の海流は広範囲にわたって分散しながら南へ移動でき, ゆったりとした浅い海流が形成されます.

一方, 北緯40度付近から10度付近へ南下して北赤道海流に合流すると, 赤道

47

周辺ではコリオリの効果があまり働かないため，右側（高緯度地域）に向けて拡散することなく西に進みます．赤道周辺の狭い範囲に集められた北赤道海流は，フィリピン諸島に到達して北上を開始し黒潮となります．循環している海水総量が亜熱帯循環内で一定ならば，広い範囲に拡散する東側に対し西側は狭い範囲に集約されるため，必然的に流速が速く深い海流となります．

c. 大気循環に支配される世界の海流

結論からいえば，地球上の主な海流は，ハドレー循環やフェレル循環，極循環といった大気の循環セルによって駆動されます．大気循環によってもたらされた卓越風が海流の原動力であるため，流れは常に維持されます．また大気循環のエネルギー源が太陽放射であることを考えると，海流の駆動力も突き詰めれば太陽放射の二次利用ということになり，すべての事象がリンクします．

大気循環に伴われた卓越風（貿易風，偏西風，極偏東風）の位置は，主な海流の位置と対応します（図 2-12）．環流をなす海流には，高緯度地域の亜寒帯循環，中緯度〜低緯度地域に発達する亜熱帯循環，そして南極大陸を周回する南極環流があります．環流ではありませんが，比較的大きな海流として赤道反流が太平洋・大西洋・インド洋に発達しています．南極環流や亜寒帯循環は極偏東風の発達する海域に，亜熱帯循環は亜熱帯高圧帯の周辺に発達します．

北半球の亜熱帯循環には，北太平洋亜熱帯循環と北大西洋亜熱帯循環の2つが存在し，いずれも南北を貿易風と偏西風に，また東西を大陸によって挟まれています．どちらの環流も，時計回りに流れます．

南半球では，南太平洋亜熱帯循環，南大西洋亜熱帯循環，インド洋亜熱帯循環の3つが存在し，北半球と同様に，環流の南北を偏西風と貿易風に挟まれ，東西

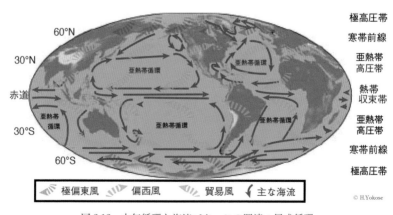

図 2-12　大気循環と海流パターンの関連：風成循環

を大陸によって挟まれています．流れる向きは，北半球とは逆の反時計回りです．

　どの亜熱帯循環も，太陽放射によって暖められた低緯度地域の海水を中緯度地域に運び，また中緯度地域で冷やされた海水を低緯度地域に運ぶ役割を担っており，地球表層部における熱エネルギーの再配分に寄与しています．

　環流の流れる規則性から，両半球とも西側の海域に高温の海水が集まり，東側の海域に相対的に低温の海水が流れています．中〜高緯度地域に存在する亜寒帯循環は，極域で冷やされた海水が中緯度地域に向けて移動するため，一般に冷たい海流となります．

　北海道や東北地方の太平洋側を南下する親潮は，北太平洋亜寒帯循環を構成する一員です．北半球に存在する亜寒帯循環は，反時計回りに流れています．

　南極環流は他の環流と異なり，流れを大陸に妨げられていないため，常に西から東に向かって地球を一周しています．この海流は南半球の偏西風で駆動され，0.5 m/s 程度で流れています．南極環流は流速が遅いものの，流域幅が広く流域深度も深いため，流量は毎秒1億tに達します．

d. 沿岸湧昇流とエル・ニーニョ現象

　エクマン輸送に代表されるように，海流はコリオリの効果によって風応力とは別の方向に海水を水平移動させます．外洋地域と違って片側に大陸などの境界面が存在する場合は，海水がエクマン輸送によって水平移動した先の境界面が海流の進行を妨げます．境界面にぶつかった水平方向の海流は，そこで上昇流や下降流に変化します（図2-13）．まるで，室内の大気循環と同じですね．

　風の応力によって，上昇流や下降流が発生する場合には，①陸地が境界面として作用する場合は，沿岸地域で深い所の海水が湧き上がる（沿岸湧昇流），②コリオリの効果の向きが正反対になる赤道が境界面として作用する場合，赤道地域で深い所の海水が湧き上がる（赤道湧昇流），そして③風自体が海面を回るように吹く（高気圧や低気圧の中心）ために発生する中心部における表層海水の収束に伴う沈み込みや表層海水の

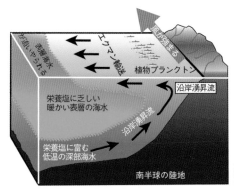

南半球では，風向に対して左側90度に海水がエクマン輸送される

図 2-13　エクマン輸送とエル・ニーニョ現象
南米ペルー沖の貿易風の強弱による沿岸湧昇流が変化する．

拡散に伴う深部海水の上昇が挙げられます.

南半球の沿岸湧昇流では,海岸線に沿うように強い貿易風が南から北に吹くことで,表層海水は東から西に向かってエクマン輸送されます.表層海水が海岸から遠ざかるため,沖に流された海水を補うように下層から冷たくて栄養塩類に富む海水が湧き上がり(湧昇),表層に供給されます.

これとは逆に,風が北から南に吹く場合,沖合の表層海水がエクマン輸送によって岸に押し寄せます.行く手を陸地によって阻まれるために,表層の暖かい海水が下層の冷たい海水を押し下げることになり,暖かい海水の分布,深度が拡大します.

さて,南米のペルー沖では,貿易風が南東から北西方向に恒常的に吹いています.貿易風が平年より弱まるとペルー沖から西に向かう海水量が減少し沿岸湧昇流も弱まります.その結果,下層の冷たく栄養塩類に満ちた海水が表層へもたらされなくなり,沿岸域では高温で栄養塩類に乏しい海水が広がります.

ペルーでは,クリスマスの時期にイワシの不漁が数年に1回の割合で起こっており,古くから漁民たちはこの現象をエル・ニーニョ(El Niño:男の子/神の子キリストの意)と呼んでいました.1890年代には,このエル・ニーニョは高温の栄養塩類に乏しい海水が沿岸域に流入することが原因で現れると解釈されました.つまり,沿岸湧昇流が弱いと貧栄養状態の海が広がり植物プランクトンの発生量が減るため,それを餌とするイワシが不漁になるのです.

1920年代からは,単なる海洋イベントと考えられていたエル・ニーニョのタイミングが破滅的な気象現象と同期していることが明らかとなり,現在のように気象用語としても使われるようになりました.また,エル・ニーニョとは逆に,ペルー沖の海水温が下がる現象(貿易風が強くなって,平年より盛んに湧昇流が発生する)が確認され,現在ではラ・ニーニャ(La Niña:女の子の意)と呼ばれています.

沿岸湧昇流は,海の表面における水温分布を大きく変化させるため,地球規模の気圧配置が変わります.つまり,エル・ニーニョのときは平年に比べ南太平洋の東の海域の海水温が高くなり,代わりに西側は低くなります.一方,ラ・ニーニャのときは,この関係が逆になり気圧配置も変わります.これらの気象現象は,南方振動と呼ばれています.このように海洋と大気が不可分な連動をする自然現象として,エル・ニーニョ-南方振動(ENSO)と呼ばれています.

e. 海流と大気循環によって恒温化される地球

太陽によって不均質に暖められた地球は,どのように熱を再分配し,最終的に宇宙に排熱しているのでしょうか.

多量の太陽放射によって暖められる熱帯地域は高温になり，逆に入射する太陽放射よりも宇宙に放出される赤外線放射が優勢な極圏は低温になり，両者には本来大きな温度差が発生するはずです．

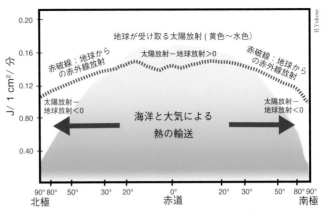

図 2-14　熱を再配分する大気・海洋の循環

人工衛星で計測された，地上に降り注ぐ太陽放射量と地上から放出される赤外線放射量（破線）の緯度による変化を，図 2-14 に示しました．太陽放射が赤道を中心にドーム状の変化曲線を示すのに対して，赤外線放射はきわめて緩やかな曲線になります．熱帯地域では入射エネルギーに対して赤外線放射が不足しており，逆に亜熱帯地域から高緯度地域にかけては入射エネルギーより過剰の赤外線放射が行われています．この赤外線放射の過剰分は極に向かうにつれて増大し，極点の近傍では入射される太陽放射量の 4 〜 10 倍に達します．

こういった緯度変化に見られるエネルギー収支の過不足は，暖められた地球表層部の熱が再配分されていることを示唆します．つまり，赤道地域にある余剰の熱を両極に運ぶメカニズムとして，海洋や大気の循環が重要であることがわかります．たとえば，効率よく暖められた熱帯地域の海水は，亜熱帯循環によって中緯度へ温かい海水を届けます．また，ハドレー循環も熱帯地域の水蒸気から受け取ったエネルギーを中緯度に運びます．中緯度からは，フェレル循環や極循環を使った大気の熱輸送や北大西洋北部や南極周辺の海流によって高緯度地域へ熱輸送がなされます．

このようにして海洋と大気をつなぐ水の循環が地球全体における太陽放射の再配分を促進し，私たちにとって住みよい地球環境が維持されているのです．

2.4　引力で攪拌される海洋

釣りをする人なら馴染みのある潮の満ち引き．これらは，月や太陽といった地球外の天体の引力によって発生します．正確な潮の満ち引きを予測するために

は，地球と天体の幾何学的配置だけではなく，コリオリの効果や海盆や湾の形状
など様々な要因が関わり合います．

a. ニュートンが解明した潮の満ち引き

海面は，約1日周期（平均24時間50分）で1回あるいは2回の上下動を繰
り返します．1日の周期において海面が最も高くなるときを満潮（満ち潮）と呼
び，最も低くなるときを干潮（引き潮）と呼んでいます．日本海側では干満の
差（潮差）が小さく0.3m程度ですが，太平洋側では1～2mになります．さ
らに九州の有明海周辺では，潮差は5m前後に達します．周期性のある上下動
を潮汐と呼び，その潮汐に伴って発生する流れを潮流と呼びます．

潮汐や潮流は，古くから漁業や港湾関係者にとって重要な情報でした．潮汐の
周期と月齢（たとえば満月，上弦の月など）の関連は，古くから人々の関心事で
あり，ギリシャの地理学者ピュテアスが紀元前3世紀に，潮汐の原因を月の満ち
欠けに初めて関連づけました．日本でも，古くから月の運行に基づく太陰暦（旧
暦）と潮汐が関連づけられていました．

1687年に潮汐を天体の運動と結びつけて力学的に解明したのは，イギリスの
科学者アイザック・ニュートンで，万有引力の法則を使って潮汐を説明しました
（潮汐の平衡理論）．

万有引力では，物体間に働く力（F）が，物体それぞれの重さ（m_1とm_2）に
比例し，物体間の距離（r）の2乗に反比例します．

$$F = G\frac{m_1 \times m_2}{r^2}$$

Gは万有引力定数で，$6.67430 \times 10^{-11}\,\mathrm{m^3\,kg^{-1}s^{-2}}$です．

潮汐は，月や太陽による引力によって，海水が引き寄せられる最も近い部分と
その地球の裏側の2箇所で盛り上がり，地球の自転によってその地点が移動する
ため，発生すると考えられました．ではこのとき，なぜ裏側も盛り上がってしま
うのでしょうか？（図2-15）

それは，月と地球が共通重心（月に面した地表から約1650km地球中心側）
の周りを公転しているからです．この公転によって，地球は月に面した側の反対
方向に慣性力が働いていますが，この回転軸は自転とは異なるため，慣性力が地
球上のすべての地点で等しくなります．地球表層の海水では，月による引力と公
転による慣性力がつりあっています．そのように考えると潮汐力（T）は，

$$T = G\frac{m_1 m_2}{r^3}$$

と表現され，物体の質量に比例し距離の3乗に反比例することになります．

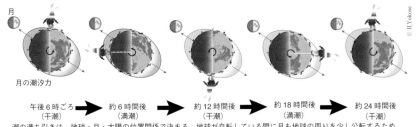

月の潮汐力

午後6時ごろ（干潮）→ 約6時間後（満潮）→ 約12時間後（干潮）→ 約18時間後（満潮）→ 約24時間後（干潮）

潮の満ち引きは、地球・月・太陽の位置関係で決まる。地球が自転している間に月も地球の周りを少し公転するため潮汐の周期は、24時間より50分程度長くなっている。地球、月、太陽の位置関係は日々複雑に変化する。

図2-15 自転と干潮・満潮の関係

太陽は月の約2700万倍の質量をもち，地球から太陽までの距離は，月までの距離より387倍遠い位置にあります．これを上記の式と合わせて勘案すると，地球表層における潮汐力は月が53.5%を，太陽が46.5%を担っている計算になります．月は，地球の赤道に対して28.5度傾いた楕円軌道を27.3日周期で回っています．し

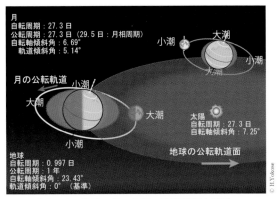

図2-16 地球・月・太陽の位置関係と潮汐

かし地球からは同じ月面しか見ることができないのは，月の自転周期が月の公転周期に同期しているためです．そして地球が自転している間に月も軌道上を東に12.2度進んでしまうため，太陽時で計測すると地球の月に対する自転周期は24時間50分となり，潮汐周期と調和します．さらに，新月から次の新月に至る月の満ち欠けの周期においても，太陽の周りを回る地球の公転によって少しずつ位置がずれるため，太陽時による月の公転周期は29.5日となるのです（図2-16）．

太陽・月・地球の三者間における空間的な軌道要素が斜交しているため，位置関係のずれに伴って潮汐力も時間変化します．たとえば，月・太陽・地球が直線上に並ぶ場合，月と太陽の潮汐力が重なり，潮差が大きくなる大潮となります．この3つの天体が直線状に並ぶタイミングは，1か月に2回（新月と満月）存在します．一方，太陽と地球を結ぶ直線と直交する位置に月が存在する場合は，月と太陽による潮汐力が分散され，潮差が小さな小潮となります．小潮も月に2回訪れ，このとき月は上弦の月や下弦の月となります．

b. 数学者ラプラスが考えた潮汐

ニュートンが導入した潮汐の平衡理論は近似的であったため，その理論で想定できる月と太陽の起潮力が潮差をそれぞれ 55 cm および 24 cm しかつくり出せませんでした．これでは，実際の平均的な潮差 2 m に遠く及びません．

その理由は，ニュートンのモデルでは以下のような要素が省略されていたからです：①波の速度は 200 m/s で，地球上の多くの地点で自転速度（赤道：460 m/s）に追いつけず，月の南中と満潮の時期が一致しない，②海水全体の慣性力や海底面との摩擦力に対して，地球の自転スピードが速すぎるため，平衡状態に達するまでの時間差が存在する，③大陸の存在によって，潮汐力による海面の膨らみが一連の波形をつくることができず，陸地によって縁取られる大洋の形状が障害となって潮流の向きを制限する，④潮流にコリオリの効果の影響が発生する．

ニュートンが考慮しなかったこれらの要素を加味して，より現実的な潮汐の解明を最初に試みたのが，フランスの数学者ピエール＝サイモン・ラプラスであり，潮汐の動力学的理論を 1775 年に発表しました．近年ではさらに，水深，大洋の形状，コリオリの効果，海水の慣性力，摩擦力を加味した上で，地球・月・太陽の軌道要素と潮汐の関係がコンピュータによってモデル計算されており，精度の高い再現結果が得られています．

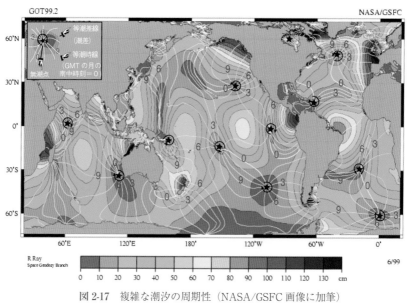

図 2-17　複雑な潮汐の周期性（NASA/GSFC 画像に加筆）
カラーバーは潮差（cm）を示す．

　地球表面に発生する海面の凹凸は，潮汐の平衡理論で想定されたような楕円形ではなく，10 個以上の小さなセルからなる複雑な振幅状態にあります．セルの中心には，振幅の基点（節）となる潮汐差のない無潮点が存在します．無潮点から同一時間に満潮を迎える地点を結んだ線を等潮時線といい，グリニッジ天文台で月が南中を迎える時刻（0）からのずれとして表記されます．また，各地点における潮差（満潮と干潮の海面水位差）の等しい地点を結んだ線を等潮差線と呼びます（図 2-17）．

　潮汐の平衡理論では，1 日に 2 回干潮と満潮が訪れるはずですが，実際には大洋の形状・大きさ・深さが世界中で異なるため，潮汐波の振動には 3 つのタイプが存在します．すなわち，干満の周期が 12 時間 25 分の半日周潮，干満の周期が 24 時間 50 分の日周潮，そして混合周期です．日本沿岸の潮汐波は混合周期が多いのですが，2 回の満潮時（および干潮時）の潮位が異なります（日潮不等）．これは，月の公転軌道が地球の赤道面と斜交しているためです．

　潮汐による海面の変化は，大気と海洋の相互作用が盛んな場であり，酸素に満ちた海水がつくられます．また，ある種の生物の繁殖行動と潮の満ち引きの関連性がしばしば話題に上ります．潮の満ち引きは，沿岸域で生息する生物に豊富な酸素を届け，また産卵場などの繁殖行動において重要な役割を担っています．そう考えると，水の惑星における沿岸域の生態系は，月や太陽と言った地球外のシステムによって育まれていると見なせます．

第**3**章

水の惑星の生物圏

- ● 生命誕生と海底熱水活動（熱水起源説，オゾン層）
- ● 生命活動と大気中の酸素（シアノバクテリア）
- ● 大量絶滅と無酸素の海（大量絶滅，無酸素事変）
- ● 生命間をめぐる物質（独立栄養生物，従属栄養生物，分解者）
- ● 生物多様性が支える生態系（食物網，生物生産の制限因子）
- ● 魚の生存期間と生き残り戦略（耳石，カウンター・シェイディング）

....

　大気中の酸素は，過去 30 数億年間の生物活動によって二酸化炭素からつくり出されました．生物群は地球史上 5 回発生した大量絶滅イベントを経験しながら進化を遂げています．生物群には，独立栄養生物と従属栄養生物があり，前者は太陽放射や化学反応を利用して活動エネルギーをつくり，後者はそれらの生物群を体内に取り込むことで生きながらえています．さらに，これらの生物群の死体や排泄物を分解し，再利用できる材料に戻す生物群もいます．このように多種多様な生物群は，エネルギーや材料を共有しつつ地球全体の生態系を支えています．特に，各生物のライフサイクルが異なるため，地上で発生した劇的な変化に対応することは容易ではありません．生物多様性を維持し管理することは，私たちにとって大気中の酸素濃度を維持すると同時に，食料の持続的な活用を意味します．

3.1　生命は海洋から

　人類も進化の過程をたどれば海にたどり着くといわれています．海洋環境に適応しながら，進化を続けた私たちと遠い祖先を共有する魚類等は，今も海中生活を続けています．本章では，人類の古巣でもある海洋と生物の関係を概観し，海洋資源としての生物群の基礎を理解しましょう．

a. 生命の起源と海洋

　地球上の生物発生には，様々な仮説が唱えられています．1953年に行われた，シカゴ大学のハロルド・ユーリーとスタンリー・ミラーの実験が有名で，当時想定されていた原始大気組成（メタン・水素・アンモニア）に火花放電を加えて，アミノ酸の合成に成功しました．この実験は当時，生命誕生を解き明かす第一歩であると考えられましたが，その後の科学の発展に伴って原始地球に対する理解が深まると，上記の実験の初期条件である原始大気組成に誤りがあることが判明しました．すなわち，地球創世期の原始大気は現在の火山ガスに近い酸化的環境にあり，二酸化炭素，窒素，水蒸気を主体としていたのです（図3-1）．

　隕石や古い岩石に含まれるU，Pb，Wなどの同位体比の検討から，45.7億年前に太陽系が誕生した後，1億年して地球がほぼ現在の大きさとなり，そして44億年前に原始海洋（液体の水）が地球に出現しました．

　その後，25億年前までの原始大気中には，多量の酸素は存在せず，高層大気中には太陽からの強烈な紫外線放射を遮れるオゾン層が発達しませんでした（図3-1）．つまり，それ以前の大気中や地表では紫外線によるタンパク質の分解過程が進行し，生命の生存には適さない環境だったと考えられています．一方で，海洋は水によって覆われており，地表よりも温度変化の少ない環境です．その上，水は多くの電磁波を素早く吸収できるため（図1-8），オゾン層が存在しない地球でも，紫外線からの影響を極力減らすことが可能でした．そう考えると，海は生命の誕生や発展において好都合な環境であったとみなせます．

　1970年代以降，深海底では数多くの熱水噴出孔が発見されました．光の届かない場所にもかかわらず，周辺には独特の生物コロニーが存在していたのです．熱水噴出孔周辺の生物群を底辺で支えているのがバクテリアと古細菌であり，熱

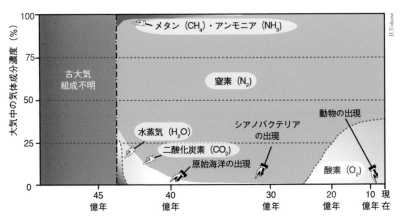

図3-1　大気組成の歴史的移り変わり

水中の硫化水素などをエネルギー源として活用しています．これらのなかには，嫌気性生物も多く存在します．

　海底熱水活動は火山の寿命とリンクしており，数十万～数百万年間続くことも多く，エネルギーの供給が比較的長期間維持されます．このような発見から，深海底の熱水活動地域も生命誕生の場として有力視されるようになりました．しかし，様々な生命誕生仮説（隕石説，彗星説）と同様に，一長一短があり結論には至っていません．しかし，35億年前のオーストラリアの地層からは，地球最古の化石と考えられるバクテリアらしき残留組織が発見されています．

　太古代（40～25億年前）にはすでに地球を覆っていたと考えられる原始海洋において，誕生した微生物は進化を続けたようです．生命体の根本材料である炭素は，大気中の二酸化炭素が活用されました．原生代（25～5.4億年前）に入ると，太陽の光エネルギーを活用できるシアノバクテリア類が出現し，光合成によって生産された酸素を海中に放出しました．その後シアノバクテリアの繁栄に伴って，海中で飽和した酸素が大気中にもしだいに放出されるようになります．こういった生命活動の活発化によって，大気中の二酸化炭素濃度は激減しました．また同時期には，動物様の生物が出現し始めます．

　古生代のカンブリア紀（5.4～4.9億年前）に入ると，動物門が爆発的な進化を遂げます．シルル紀（4.4～4.2億年前）の地層からは最古の陸上植物化石が発見されており，植物の陸上進出に伴って大気中の二酸化炭素はさらに減少し，酸素濃度が現在のように安定化します．地球の歴史の中で，生物群が大気組成に大きく影響するのは現在も変わりません．

　化石を含めたすべての動物の中で，無脊椎動物が90％を占め，人類を含めた残りの10％が脊椎動物となります．人類は，クジラやウシなどと同じく哺乳類に属します．哺乳類の祖先を遡ると，石炭紀（3.6～3億年前）に爬虫類と分岐しました．その前には，デボン紀（4.2～3.6億年前）に両生類と，オルドビス紀（4.9～4.4億年前）に硬骨魚類と分岐しています．さらにカンブリア紀まで遡ると，軟骨魚類（サメ，エイ），無顎類（ヤツメウナギ）らとの分岐を経験しています．最終的には，脊索動物であるナメクジウオやホヤにたどり着きます．

　生物の進化過程は，けっして平たんなものではなく，地球史において5回の大量絶滅が発生していたと推定されています：オルドビス紀末（O-S境界），デボン紀末（F-F境界），ペルム紀末（P-T境界），三畳紀末（T-J境界），白亜紀末（K-Pg境界）．地質時代区分は，主要な化石の不連続性をもって定義されていることもあり，大量絶滅とおおむね対応します（図3-2）．それらの大量絶滅の原因は，K-Pg境界において巨大隕石の衝突が引き金と判明している以外は，分かっていません．大量絶滅とは別に，広範囲にわたって，海洋中の酸素が欠乏状態と

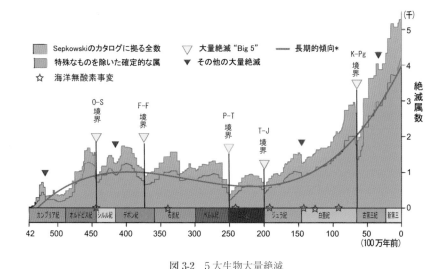

図 3-2　5 大生物大量絶滅

なった時期（海洋無酸素事変）が地球史の中で数回想定されています（図 3-2）.
海水中に生息する生物群にとっては，大きな問題だったことでしょう.

b. 独立栄養生物と従属栄養生物

　生物の生命活動の維持には，活動するためのエネルギーの補給と体をつくるための材料の補充が必要不可欠で，さらに繁殖行動を経て次世代に種の情報をバトンタッチする必要もあります.

　活動エネルギーの確保方法としては，光合成と化学合成があります. 光合成は，生体内に取り込んだ，二酸化炭素と水を用い，葉緑素に太陽光を当てることで，炭水化物（ブドウ糖など）と酸素をつくり出す生化学反応です. 一方，化学合成は太陽光が利用できない深海底等で，還元性の物質を酸化させることでエネルギーを得る方法です.

　海底火山の熱水活動に伴って放出される硫化水素（H_2S）や，冷湧水起源のメタン（CH_4）などがエネルギー源として活用されます. 硫化水素をエネルギー源として活用する反応の一例としては，化学反応式で

$$6CO_2 + 12H_2S = C_6H_{12}O_6 + 12S + 6H_2O$$

と表現できます.

　このように，外界の物理的あるいは化学的エネルギーを活用して，自らの活動エネルギーを蓄える生物群は独立栄養生物と呼ばれ，植物や藻類が含まれます.

　一方，私たち人類のように，自ら活動のエネルギーを生産できない生物群を従属栄養生物と呼び，動物，菌類が含まれます. バクテリア（真正細菌あるいは細

菌）の仲間には，独立栄養生物，従属栄養生物に該当する生物がそれぞれ含まれます．

　独立栄養生物は，外界の無機化合物である二酸化炭素や炭酸水素塩などを吸収し，体の材料や炭水化物に変えて体内に蓄えます．海域における独立栄養生物には，珪藻，シアノバクテリア（以前は藍藻として分類されていた），渦鞭毛藻などの植物プランクトン（図 3-3）や，海藻（ワカメ，青海苔など），海草（アマモなど）といったものが挙げられ，他の生物群を底辺で支える一次生産者となっています．このプランクトンとは，浮遊性生物の呼称です．

　大気中あるいは水中の無機炭素（二酸化炭素など）を使って，光合成あるいは化学合成で有機物を生産することを基礎生産と呼びます．また，海洋表層部の $1\,\text{m}^2$ あたりに 1 年間で固定される炭素量を基礎生産力（あるいは一次生産力）と呼び，単位は $\text{gC/m}^2/\text{yr}$ です．サンゴ礁や海藻の森は基礎生産力が高く，数百〜$2000\,\text{gC/m}^2/\text{yr}$ に達しますが，外洋は $1 \sim 180\,\text{gC/m}^2/\text{yr}$ 程度ときわめて基礎生産力が低い地域です．海洋地域全体の平均値は $120\,\text{gC/m}^2/\text{yr}$ であり，陸上地域の平均値 $150\,\text{gC/m}^2/\text{yr}$ を下回ります（図 3-4）．

　一方，従属栄養生物は独立栄養生物や他の従属栄養生物を体内に取り入れて，成長に必要な材料とエネルギーを補充する生物群で，消費者あるいは分解者とも呼ばれます．一次生産者である植物プランクトンは，一次消費者である動物プ

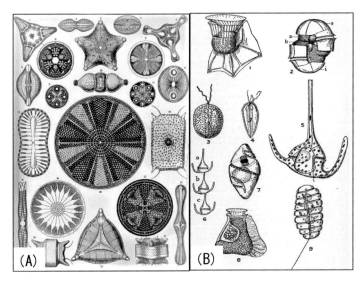

図 3-3　海洋地域の一次生産者
珪藻（A：Kunstformen der Natur (1904)）と渦鞭毛藻（B：Britannica Dinoflagellata 2-9-Polykrikos.jpg）

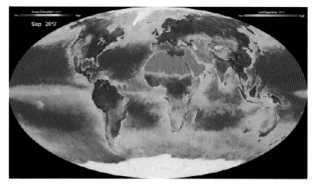

ランクトンに捕食されます．動物プランクトンは小魚に捕食され，さらにそれよりも高次の消費者である中型魚に捕食されます．最終的には，最も高次の消費者である，私たちヒトのような生物に取り込まれます．

図3-4　生物生産量をクロロフィル濃度から人工衛星で推定
出典：NASA（https://svs.gsfc.nasa.gov/4596）

マグロを例に，生態系を数字から眺めてみましょう．マグロの刺身が食卓に並ぶまでのプロセスを逆算すると，一次生産者が実に10 t も必要になります（図3-5）．たとえ，1 kg のマグロから100 g の刺身を切り出したとしても，植物プランクトンが最低10 t 必要になるのです．仮に100 kg のマグロから切り出された刺身なら，植物プランクトンは実に1000 t 必要になります．

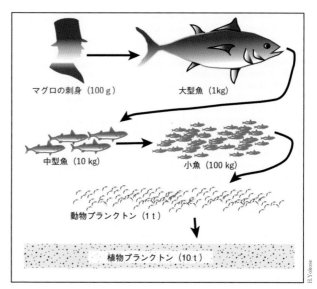

図3-5　マグロの切り身をつくり出すための材料

一方で，同様の試算をエネルギーベースで行ってみると，一次生産者に関わってくる太陽光エネルギーのうち，最終的に魚から得られるのは50万分の1しかありません．

上述のマグロを人間に置き換えてわかりやすく説明します．たとえば，ある人が体重3 kg で産まれて，20歳で60 kg に成長したとします．その人は，生まれてから20歳になるまで，毎日平均1 kg の食料を摂取しました．すると，おおよそ20年間×365 kg = 7.3 t の食材が消費された計算になります．しかし体重は

60 kg なので，残りの 7.24 t は 20 年間の代謝による消費と排泄物の総量に相当します．産まれたときから体重自体は 20 倍に増加していますが，成長に必要な資源ロスは 120 倍以上に達します．60 kg の人間を成長させるためには，60 kg の食料ではまったく足りないのです．

高次の消費者を支えるために必要な一次生産者の総量は膨大で，ライフサイクルによっては有効利用されない食材も発生します．この例からわかるように，海洋や陸上を問わず，野生動物たちが生き延びるためには想像以上の食料確保が必須となります．様々な生物は，生態学的地位（ニッチ）に応じた，捕食-被食の関係の上で成り立っているので，一次生産者だけを増やしても目的とする生物を増殖することは出来ません．生物の存続には，生態系の保護が欠かせません．

多様化した生物群が相互に支え合いながら生態系を維持している状況は，かつては 1 本の鎖に例えて食物連鎖と呼ばれていました．現在では，むしろ張りめぐらされたクモの巣のようになっていることがわかってきており，食物網（フードウェッブ：図 3-6）と呼ばれています．

魚類なども様々な食性（プランクトン食，底生生物食，魚食，藻食，デトリタス食，雑食）をもっているため，捕食-被食の関係を単純に表すことができません．たとえば，体長 34 m にも達するシロナガスクジラが属するヒゲクジラの仲間は，主食が一次消費者である動物プランクトンのオキアミです．さらに海洋生物は，成長に応じて様々な栄養段階（低次から高次までの消費者）から捕食の対

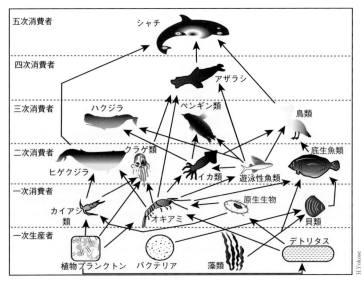

図 3-6　海洋地域の食物網の一例

象とされることが一般的です.

　遊泳生物（ネクトン）の代表である魚は，魚卵→仔魚→幼魚→成魚へと成長しますが，仔魚までの段階ではプランクトンと類似の生活様式をもち，幼魚となって初めて遊泳生物になります．甲殻類のエビも，卵→ノープリウス→ゾエア→ミシス→稚エビ→エビへと成長する過程のうち，稚エビまでの期間はプランクトンとして生活します．アサリなど底生生物（ベントス）である二枚貝なども，卵→トロコフォア→ベリンジャーといった幼生期をプランクトンとして生活し，その後稚貝となって着底し底生生物へと生活様式を変えます.

　一次生産者は，様々な栄養段階に属する消費者の捕食あるいは摂食対象となります．生物の死骸や排泄物は，分解者であるバクテリアや菌類といった従属栄養生物によって無機栄養塩類に分解されます．無機栄養塩類は，再度一次生産者の材料として活用され，物質循環が成立します．一次生産者・消費者・分解者がそれぞれバランスを保って役割を果たせば，材料としての物質が円滑に循環するのです.

　つまり，直接的に捕食-被食の関係でない生物であったとして，まったく関連がないとはいえず，生物の材料やエネルギーの輪の中に私たちも組み込まれているのです．この生物がつくり上げた命のネットワークが生物多様性であり，それを保護することは，自分を保護することにほかなりません.

c. 生物生産の制限因子

　従属栄養生物が繁栄できるかどうかは，食物網の底辺を支える独立栄養生物の繁栄に掛かっています．独立栄養生物は，エネルギーと材料の両方を獲得できる場所でなければ繁栄することができません．つまり，この両者が整う地球上の特別な場所以外で，繁栄することは望めないのです.

　光合成や化学合成が多くの独立栄養生物のエネルギー補充の方法となっていますが，それぞれ太陽放射と熱水（冷湧水）が重要なエネルギー源です．ここでは，太陽放射に焦点を当てて見てみましょう.

　太陽放射は，低緯度で強く，高緯度で弱くなることは先に述べた通りです．さらに，海水は太陽光を効率よく吸収してしまうため，光合成が有効に活用できる水深は海域によって大きく異なりますが，浅海であることは間違いありません.

　一次生産者が光合成によって生産できる炭水化物の量と，呼吸によって失われる炭水化物の量が等しくなる水深（補償深度）までを，真光層と呼んでいます．それより深い部分で，光合成には不十分な光量しか存在しないものの，わずかながら光の存在する水深までを薄光層と呼びます．これら真光層（狭義の有光層）と薄光層を足した領域を，広義の有光層と呼ぶ場合があります．そして，光の

まったく届かない深海領域を無光層と区分しています．

　透明度の高い外洋では，真光層は水深200m前後に達します．しかし，内湾や沿岸域は，海水に入射した太陽光が濁りのもととなる懸濁物（セストン：生物遺骸，生物の破片，排泄物，微細有機物粒子といったデトリタス）によって散乱されるため，場合によっては10m程度で暗闇となります．このような海域では，一次生産者が太陽放射を確保できる水深がかなり限定されます．

　次に，材料の観点から考えてみましょう．陸上の植物ならば，根を生やすことで地中から栄養塩類を吸収し，大気中の二酸化炭素を使って生物活動を継続できます．しかし，植物プランクトンには根のようなものは存在しないため，海水中を漂いながら材料をかき集める必要があります．さらに，海水中でも体が溶けないようにするための材料が必要不可欠です．

　海洋地域の植物プランクトンにとって大事な栄養塩類は，硝酸，リン酸，およびケイ酸です．硝酸はタンパク質や葉緑素，核酸を形成する上で重要な材料となります．大気中や海水中に窒素ガスは多量に存在しますが，生体中に取り込む際はアンモニアや硝酸の形で存在する必要があり，海水中の絶対量はかなり少なくなります．リン酸は核酸形成やリン酸カルシウムによる骨格形成などに欠かせません．ケイ酸は珪藻などの骨格形成には必須の材料です．これらの元素のほかに鉄も重要であり，窒素固定やタンパク質生成に用いる酵素の必須材料となります．

　こういった材料は，陸域から河川を通って海へ供給されたり，分解者によって死骸や排泄物が分解されることで再利用されたりします．特に沿岸域では，河川からの供給や比較的浅い水深での物質循環によって，栄養塩類に富んだ環境が生まれます．

　図3-4は，海洋地域の生物生産量が生物生産の制限因子と大まかに関連している様子を示してくれます．生物生産の制限因子には，光量および海水中における栄養塩類であるケイ酸，リン酸，硝酸，鉄の存在度があります．

　生物生産量の高い海域として，大陸や島周辺の沿岸域，赤道周辺の海域，北部北太平洋や北部北大西洋が挙げられます．沿岸域は，陸源性の栄養塩類が豊富に供給されるため，生産性が上がります．赤道地域とペルー沖においては，前者では赤道湧昇流，後者では沿岸湧昇流によって，栄養塩に富む海水が深部から表層にもたらされ，生物生産を向上させます．

　深部の海水が栄養塩に富んでいるのは，生物生産の低い薄光層以深では，栄養塩類が一次生産者に消費されることなく温存されているからです．

　北部北太平洋と北部北大西洋の生物生産量が高いのは，未使用の栄養塩類がたくさん存在する極域の海水が南下してきて，多くの光量を獲得できる状態になる

からです．光量の変化は季節変化とも大きく関連し春先に植物プランクトンが大
繁殖した後，それを追うように動物プランクトンが大繁殖することが，高緯度地
域ではしばしば起こります．

　一方，亜熱帯循環の存在する海域や極域の近傍は，生物生産量の低い海域で
す．北極や南極は，極夜などに象徴されるように光量不足の上，海水に閉ざされ
るため，生物生産量が上がらない時間が長く続きます．

　亜熱帯循環の中心部で生物生産が乏しいのは，地衡流による海流によって，表
層海水が陸域からの栄養塩類の再供給が受けづらいからです．その上，表層で生
産されたプランクトンが食物網の過程で排泄物となると，粒径の大きな糞粒と
なってすばやく海底に沈み，マリンスノーとして堆積してしまいます．

　通常のプランクトンサイズの粒子（1 ～数十 μm）ならば，海底に沈降するの
に 100 ～ 1000 年かかります．しかし，糞粒の降下速度は 100 ～ 200 m/ 日程度
と速く，1 ヶ月ほどで海底に到着します．つまり，海水表層でバクテリアが死骸
や糞粒を分解する時間的余裕がなく，それらを植物プランクトンなどの材料とし
て再利用ができません．このようにして，表層の栄養塩類は減少します．

　一次生産者が多い海域では，従属生物である魚類も多く存在し，漁獲量も多く
なります．逆に，亜熱帯循環のような生物生産量が少ないところでは，魚類が枯
渇した海域となります．

　現在のように，大気中に放出される二酸化炭素が増加し続けると，大気から海
水中に溶け込む二酸化炭素が増加します．これによって，本来塩基性である海水
の pH が酸性側にシフトします．この現象は，海洋酸性化と呼ばれています．海
洋酸性化が進行すると，炭酸カルシウムからなる殻や外骨格を持った海洋生物が
溶解しやすくなり，薄い殻をもつ動物プランクトンの生存は困難になり小魚の餌
が減少します．つまり，二酸化炭素の過剰排出は，生態系悪化に直結します．

d. バクテリアによって再利用される排世物や死骸

　一次生産者をはじめ，食物網に存在する生物は，いずれは死骸や排泄物となっ
て分解のときを待ちます．分解過程に関与するバクテリアとしては，従属栄養細
菌，アンモニア酸化菌，亜硝酸酸化菌，メタン菌，硫酸還元菌，硫黄細菌などが
挙げられます．

　従属栄養細菌は水中にたくさん存在しており，動植物がつくった有機物を栄養
源としています．従属栄養細菌による分解では海水中の酸素が使われ，有機物は
アンモニア，二酸化炭素，リン酸に分解されます．海水中に放出されたアンモニ
アは，独立栄養細菌であるアンモニア酸化菌や亜硝酸酸化菌の作用によって，再
び水中の酸素を利用し，亜硝酸，硝酸へと変化します．

海底に堆積した死骸や排泄物は，まず従属栄養細菌によって分解されます．次に，そこで発生した二酸化炭素を，メタン菌が嫌気的環境下でメタンにつくり替えます．嫌気的環境とは周囲に酸素が存在しない状況であり，また嫌気呼吸とは酸素を用いない異化代謝の一種です．硫酸還元菌も嫌気的な環境下で，硫酸塩を硫化水素や硫化物に変換します．硫黄細菌は，海水中の硫化水素を酸化して硫黄を生成し，このとき発生するエネルギーを使って化学合成を行います．

もしも，閉鎖的な内湾環境に大量の有機物が加えられると，それを餌としてバクテリアの繁殖が起こります．その時，海水中の酸素を使って有機物の分解が進行します．バクテリアは，数時間や数日の単位で増殖が可能であるため，海水中の溶存酸素が一気に消費され，貧酸素水塊が生み出されます．その結果，魚介類が死滅し海底には有機物がさらに追加され，バクテリアの増殖が続きます．最終的には湾内の魚介類が死滅し，死の海となります．生活排水や残留肥料などが豊富な都市部周辺の閉鎖的内湾環境下では，海水の富栄養化でプランクトンが大量発生（赤潮や青潮）しやすく，多量の有機物が海底に付け加えられる危険性が増しています．

3.2 魚たちの生き残り戦略

a. 体のサイズは長期間生き残れた証

私たちは牛や馬のライフサイクルが1年ではないことを知っていますが，魚介類も同様にライフサイクルが長いことをご存知ですか？

魚の大きさと年齢の関係（体長組成）を端的に表す言葉として「出世魚」があります．たとえばスズキは，各地方で若干異なるものの，20〜30cmをセイゴ，40〜60cmをフッコ，それ以上をスズキと呼んでいます．それぞれの年齢は，セイゴが1〜2歳，フッコは2〜3歳，スズキは4〜5歳以上です．ブリも地方によって色々とサイズによる区分があり，ブリになるためには5年以上必要です．

瀬戸内海で行われた研究では，シロギスは1年で5cm，2年で12.5cm，3年で14.5cm，4年で16cm，5年で17.5cmに成長すると報告されています．図3-7は天草で釣り上げたシロギスの例で，様々なサイズがいますが，ある程度グループ分けできます．瀬戸内海の例を当てはめると，その年に生まれたシロギスから，8年間生存できたシロギスまで，様々な年齢の魚がいることになります．

大きさと生存期間の関係は，何も魚に限った話ではありません．アサリも大きくなるにはそれなりの年限が必要で，3cmくらいになるには2年程度かかり，4cm以上になるためには3年以上必要です．甲殻類も外骨格の脱皮を繰り返すことで不連続的に成長できますが，やはり大きくなるためには歳月が必要です．

近年，抗がん剤や抗 HIV 薬として海綿由来の有機物が期待されていますが，この海綿もまた成長速度のきわめて遅い生物であり，種類によっては年間 0.2 〜 0.5 mm 程度しか成長できません．またサンゴの成長速度は，1 年間 0.5 〜 20 mm 程度にしかならず，宝石となる桃色サンゴの成長速度に至っては，1 年間に 0.15 mm 程度と報告されています．年間 1 cm 程度の成長速

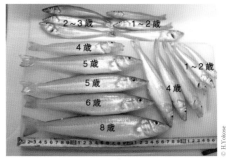

図 3-7　サイズの違いは年齢の違い

度をもつサンゴが 1 m にまで発達するには，100 年間生育環境が維持されなければならないのです．

　このように，十分な成長期間を考慮しないと，繁殖期に満たない生物を食料として過剰消費してしまいます．

　魚の年齢を推定するには魚の耳石，鱗，脊椎骨，鰭などを詳しく調べることである程度分かります．耳石は，魚の頭部にある炭酸カルシウムを主体とした結晶で，平衡感覚を司る器官です．この耳石には，木の年輪のように同心円状の筋が 1 日に 1 本形成され（日輪），これを数えることで日齢を推定できます．たとえばクロマグロの耳石を用いた研究では，尾叉長（上顎から尾鰭の二股に分かれているつけ根までの長さ）が 2 m を超える個体は 10 歳以上です．

b. サバイバルゲームを勝ち抜くために

　沖合の海洋生物は，周囲を敵に囲まれながら，隠れる場所のない三次元空間で生活しています．もしも繁殖行動に達するまで生きながらえることができなければ，その種は絶滅します．したがって，生物には，生き残りの工夫があります．

　植物プランクトンは，より多くの太陽光を獲得すれば光合成の効率を上げることができます．そのためには，自分の体をより表層に保持することが必要です．沈まない工夫として表面積を増やす形態に進化し，また体の表面にたくさんの棘を発達させることで，粘性の高い海中を沈降することなく漂い続けることができるようにしたり，脂肪を蓄えて密度を低くしたりしました．

　捕食者の多い外洋を泳ぎ回る青魚（マグロ，カツオ，ブリ，アジ，サバなど）は，食べられないためのカモフラージュを行います．一般に青魚たちは，背中が青黒くて，腹が銀白色をしています．海面から海中を眺めた場合，外洋なら青黒く，内湾なら暗い深緑色になります．そこへ青魚が通りかかった場合，海の色と背中の色が同化します．これによって，上を泳いでいる魚には見つかりにくくな

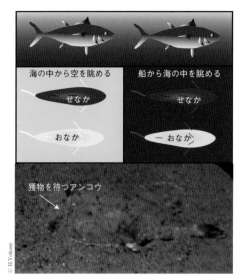

© H.Yokose

図3-8 生き残るための擬態とカウンターシェ
イディング

るのです.

　一方，水中から海水面方向を眺め
たときはどうでしょうか．スキュー
バダイビングの映像のように，明る
く白い空が海面越しに見えることで
しょう．このとき，腹側が黒い魚だ
と，下からはっきりと影が見えてし
まい敵に狙われます．ですから，腹
側を銀白色にしている方が見つかり
にくいのです．このように影を出さ
ないようにして，視認性を下げるカ
モフラージュをカウンターシェイド
と呼んでいます（図3-8）.

　類似のカモフラージュとしては，
マダイなどの深場に住む魚が挙げら
れます．私たちが日常生活で見ると，
赤色は目立つ色です．しかし，海水は波長の長い光（赤色など）をすばやく熱エ
ネルギーに変換します．つまり，海水中における赤色はほぼ黒色と同じで，敵か
らの視認性を低下できるのです.

　熱帯のサンゴ礁に生息するカラフルな魚たちも，基本的には迷彩色となってい
ます．このように海洋生物は，海水のもつ物理・化学的性質と折り合いをつけて
生存競争を戦っています．しかも，繁殖までに数年生き延びる必要のある生物も
多いことを，再認識する必要があります．そうすることで，生物多様性が守ら
れ，生態系が維持されることでしょう.

第 4 章

光が届かない深海の世界

- ● 海水は安定な密度成層構造(表層,躍層,深層)
- ● 海水の起源は塩分と水温で追跡可能(T–S ダイアグラム)
- ● 海水の 80%を占める深層水は極域から供給(熱塩循環)
- ● 熱塩循環の出発点(ウェッデル海,イルミンガー海,ポリニア)
- ● 深層水は地球環境の安全弁(ブロッカーのコンベアーベルトモデル)
- ● 深海魚の生態(中性浮力,カウンター・イルミネーション)
- ● 性成熟が遅い深海魚の絶滅(繁殖力:fecundity)

外洋における海水は,表層,躍層そして深層の 3 層に分けられ,密度的に安定した成層構造を保持します.海水の 80%を占める深層水は,南極のウェッデル海やグリーンランドのイルミンガー海等の特別な冷却条件下でつくり出された高密度表層海水が海底に沈み込んだものです.この深層水が熱塩循環として世界の海底を最長 2000 年かけて循環します.熱塩循環は,大気中の二酸化炭素や酸素を深海底に運びます.この大気中の二酸化炭素の隔離は,地球温暖化の安全弁の役割を果たし,また深海に送られる酸素は深海生物の生命線です.環境がきわめて安定しているものの食料に乏しい深海で生息する魚たちは,独自の進化を遂げました.また,深海の低温環境で生活しているため,寿命が長く,性成熟が遅く,産卵数も少ないため,商業的漁獲は深海魚を瞬く間に絶滅に追い込みます.

4.1 深海とはどのようなところか

a. 深海といえば高圧の環境

人間がフリーダイビングで,潜った深さの世界記録は,214 m(2007 年樹立)です.一般に,100 m 以深の海中作業は,たくさんの機材を使った飽和潜水というスタイルで実施されます.その際には,水圧の変化に伴う減圧症や高圧神経症候群を回避するために,大掛かりな機材(船上加減圧室,水中エレベーターな

© H.Yokose

図 4-1　しんかい 6500（左）と水深 4000 m で縮んだ発泡スチロール容器（右）

ど）が不可欠で，体の順応のための加減圧だけでも数時間から数日を必要とします．

　水圧は密度×深さ×重力加速度として計算でき，単位面積あたりの水の重さを示します．たとえば水深 100 m における水圧は，密度約 1.0 g/cm^3 の物質（水）が 100 m 分積み重なって約 10 気圧となります．さらに地球上では海面上に大気が乗っているため，その分を足して 11 気圧になります．

　図 4-1 は，ハワイ島沖の水深 4000 m で潜水調査をしたときにもっていった，発泡スチロール容器です．水圧によって半分以下の大きさに縮みました．水深 4000 m は上記の計算で約 401 気圧となり，2 cm 四方の広さに乗用車 1 台分の重さが乗っている状況です．高い水圧のため発泡スチロール内の気泡が押しつぶされ小さくなったのです．

　世界で活躍している有人潜水調査船や潜水艦は，居住スペースが耐圧構造になっているため，基本的に 1 気圧下で作業ができます．私たちと同じ哺乳類のマッコウクジラやゾウアザラシは生身のまま水深 1000 m を超えて潜ることができ，水圧に対する許容範囲の大きさに驚かされます．

b.　海水は表層・躍層・深層からなる安定な密度成層構造

　海水温は，水深 100 〜 200 m あたりまではほぼ一定ですが，そこから水深 500 m 近辺まで急激に低下します．その後，海底までは温度低下が比較的緩やかに進みます．塩分についても海面から水深 200 m くらいまではほぼ一定で，それ以深において急激に増加が認められ，水深 600 m を過ぎたあたりから変化量が小さくなり海底へと続きます．密度にも同様の傾向があります．

　海水は密度の変化によって大まかに表層あるいは混合層・密度躍層・深層の 3 層に分けられており，全海水に占めるそれぞれの割合は，2%，18%，80% です．海域によっては，表層と深層の間に密度躍層のほかに，中層が存在します．また海水の密度変化は，水温や塩分の変化を反映しており，密度躍層はそれぞれ主水温躍層や塩分躍層とおおむね対応関係にあります．

　中緯度地方の海水における水深方向の模式的な変化を図 4-2 に示します．中緯度から低緯度の表層海水は，きわめて変化に富みます（水温：10 〜 30℃，塩分：33 〜 37‰，密度：1.024 〜 1.027 g/cm^3）．一方で深層は，低温（-1 〜 3℃）で塩

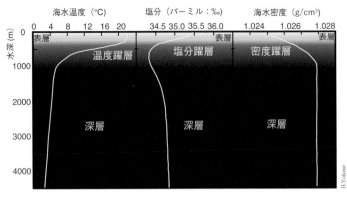

図4-2　海洋は安定な密度成層構造

分約35‰の重たい（1.028 g/cm³）一定の海水で満たされています．水深200 m
から600 mあたりにかけて存在する各々の躍層では，急激に水温・塩分・密度
がそれぞれ変化します．

　海面温度は太陽放射の条件に大きく依存しているため，緯度や季節によって大
きく変化します．特に，表層の水温プロファイルが大きく影響を受け，季節に
よって水深方向に大きく変化する部分が形成されます（季節躍層）．また表層海
水は大気と接しているため，風成循環や蒸発・降水の影響を直接受け，層厚や塩
分の変化に富みます．

　一方，深層は，低温で塩分の安定した海水です．その主な原因は南極や北極の
周辺で海水が冷却されることにあります．冷えて重くなった海水が深海を満たし
ているため，深層は低温になっているのです．深海に押し込められた海水は，外
界との相互作用が絶たれ，比較的均質な状態が維持されています．

　海水の立体構造を理解するためには，密度の異なる物質の挙動を把握しておく
必要があります．たとえば，サラダドレッシングの瓶を食卓上に置いておくと，
常にサラダ油が上で，お酢が下という二層構造で安定します．2つの液体の密度
は，それぞれ常温で，サラダ油が0.91 g/cm³，お酢が1.01 g/cm³であり密度成層
しています．

　海水の立体構造もサラダドレッシングと同様に，低密度の海水が高密度の海水
の上に乗った密度成層です．表層海水は太陽放射による加熱によって軽い状態が
維持されているため，この密度成層はなかなか崩れません．

c．水温と塩分で追跡できる深海の海水
　異なる成分や状態にある2つの海水は，強制的に攪拌しない限りなかなか混ざ

採水用
ボトル群

計測用各種センサー群

© H.Yokose

図 4-3　海水の物理・化学計測機
器（CTD と採水ボトル）

らないため，海水の成分や水温を識別するための
マーカーとして活用できます．つまり，深層を満
たす低温で密度の大きな海水の生産場所がこれら
のマーカーによって追跡できれば，深層水の発生
メカニズムの手掛かりが得られます．

　海水の起源を推定する上で，水温や化学組成が
均質な海水の塊を水塊として区別し，分布範囲の
把握が試みられています．特に水塊の均質性とい
う特徴が，水深方向を含めた広範囲に保持されて
いる海水はモード水と呼ばれています．

　以前は水塊のマーカーである塩分を知るため
に，船上で海水を煮詰めて重さを測定していまし
た．しかし，海水中の主要元素の存在比が海域に
よらないことから，現在は海水の電気伝導度の違いを塩分としています．そのと
き，比較対象となる基準は水温 15℃，1 気圧下にある水 1kg に，塩化カリウム
を 32.4356 g 溶解した標準溶液です．

　温度補正を施した後に標準溶液と海水の電気伝導度を比較し，無次元数（S）
の塩分として表現します（psu あるいは PSS）．この方法によって，短時間で正
確な海水の塩分測定が可能となりました．実際の調査航海では，CTD（図 4-3）
を用いて海水の水深方向における塩分を測定しています．

　CTD 観測では，圧力センサーを使って水深（D）をモニターしながら，深さ
方向における海水温（T）と塩分（電気伝導度：C）の変化を同時に計測できま
す．これらのセンサーのほかに蛍光光度計，濁度計，溶存酸素計などの各種セン
サーを追加したり，採水ボトルを取りつけて試料海水を目的の深度で採水したり
して，海水の物理・化学的特徴も同時に調査します．

　水塊の密度変化は，水深方向における混合様式を理解する上で重要です．水塊
の性質を検討する上で，水温（T）と塩分（S）の関係を端的に示す T-S ダイア
グラム（図 4-4）が多用されています．

　この図では，縦軸に水温（現場水温あるいはポテンシャル水温）そして横軸に
塩分が示され，海水の密度も併記されます（図 4-4 の破線）．海水の密度は，水
温や塩分の増減に対して非線形な変化を示します．それでも，大まかには水温が
高くて塩分の低い海水は密度が小さく，水温が低く塩分が高い海水は密度が大き
くなります．

　実際の外洋地域に見られる深度に伴う海水の変化は S 字を示します（図 4-4）．
図中に描かれた実際の鉛直プロファイルは，複雑な経路をたどります．これは，

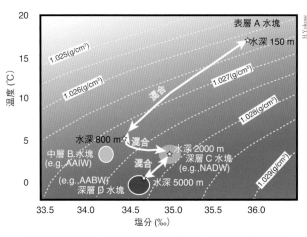

それぞれの深度における海水の形成機構と密接に関連し，性質の異なる水塊どうしの混合現象を表しています．まず，表層を構成する表層 A 水塊と水深 800 m の延長線上にある中層 B 水塊が様々な割合で混合することで，最初のトレンド A-B が形成されます．密度の線が非線形であるため，混合する 2 つの水塊よりも密度の大きな海水が生産されることもあります（キャベリング効果）．

AAIW: 南極中層水，NADW: 北大西洋深層水，AABW: 南極底層水

図 4-4　T-S ダイアグラムにおける水塊の混合
黄色の破線は，水塊の等密度線を示す．

次に，800 m 地点の中層 B 水塊と深層 C 水塊が混合し，2000 m 周辺の海水をつくり出します．最後に深層 C 水塊と深層 D 水塊が混合することで，水深 5000 m 付近の海水がつくり出されます．このようにそれぞれの深度で混合過程が進行し，観測された鉛直プロファイルが成立します．

1960 年代，世界中で行われた海洋観測によって，水塊の分布状況がしだいに明らかになりました．その過程では，海水温や塩分のみならず，溶存酸素量や栄養塩類濃度などの様々な指標がトレーサー（追跡手段）として活用されました．

d. イルミンガー海とウェッデル海からスタートする深層大循環

T-S ダイアグラムに太平洋，大西洋，インド洋等で観測された海水の水深プロファイルを重ね合わせたところ，最終的には塩分が 34.6‰ で水温 −1℃ 前後の領域に収斂しました．この水温・塩分を示す海水は南極のウェッデル海周辺に存在しており，世界の深層水がそこで生産されている可能性が強く示唆されました．さらに，大西洋を縦断する調査では，グリーンランド南西のイルミンガー海周辺の水塊が，大西洋の深海底を満たす深層水と連続することが明らかとなったのです．しかし 1960 年代までの段階では，上記 2 地域の表層海水が深海底に向けて沈降しているという確固たる証拠はありませんでした．

1970 年代に入って，表層海水の深層への移動を追跡できるトレーサーが見つかりました．それは，1950 年代から 1960 年代にかけて盛んに行われた大気圏内

核実験で生み出された，放射性元素のトリチウム（三重水素：^{3}H）でした．

　トリチウムは，大気中の窒素原子に中性子が衝突することで生成される水素原子の放射性同位体元素です．本来，宇宙線によって生産されるトリチウム量はごく微量ですが，核実験によって多量に放出された中性子が，大気中のトリチウム量を増加させました．トリチウムは大気循環によって雨となり，海洋表面に広くまき散らされました．1970 年代，この放射性元素が世界の海にどのように広がっているのかを確かめるプロジェクト（GEOSECS）が実施されました．

　このプロジェクトによって，太平洋やインド洋における海水中の放射性トリチウム濃度の高濃度部分は，水深数百 m 以浅に限られていることが明らかになり，海水の水深方向における混合が基本的に起こりにくいことが確かめられました．ところが北大西洋北部の海域では，高濃度のトリチウム海水を水深 4000 m まで追跡でき，表層海水が深海底に沈降する海域の存在が立証されました．さらにこの発見によって，表層海水の沈降が，亜熱帯循環であるメキシコ湾流をノルウェー沖にまで引き上げていることも理解されたのです．

e. 深層水生産の場所が限定される理由

　寒冷な北極や南極の海域ならば，海水は冷たくて，どこでも海底に沈降する水塊が形成されそうですが，どうしてグリーンランドの南東部や南極周辺に限定されるのでしょう．この謎は海底に沈むことのできる重たい海水の生産に高塩分が必要となるからです．

　北極圏の場合は南極圏と異なり，周囲を大陸によって取り囲まれているため，夏季に淡水が北極海に流入して塩分が下がります．その上，寒帯前線が降水（雪）をもたらす海域でもあるため，北極周辺の海は他の海域に比べ低塩分（32‰）となってしまい，冷却効果だけでは密度の大きな海水をつくり出せません．そのため北極周辺では，極偏東風によって冷却された塩分の高いメキシコ湾流の北上流が，イルミンガー海やグリーンランド海，ラブラドール海周辺の海域でさらに冷却されることでのみ，高密度水塊の形成が可能となります．

　さらなる海水の高密度化に，ポリニアが関わっていることが 1970 年代に明らかとなりました．ポリニアは，海氷に囲まれながらも，氷の張らない広い場所を指し，海峡の近傍や寒風が強く吹く地域などに限定されます．南極のウェッデルポリニアは，1000 km × 350 km の広大な海域に発達します．

　南極やグリーンランドは，極域に存在する広大な大地であるため，低地でありながら冬季に−数 10℃前後まで寒くなります．これに比べ，北極海自体は海洋地域なので，そこまで気温は下がりません．一方，南極やグリーンランドでは，極端に冷えて重たくなった空気が滑降風として陸域から海に向かって吹き出しま

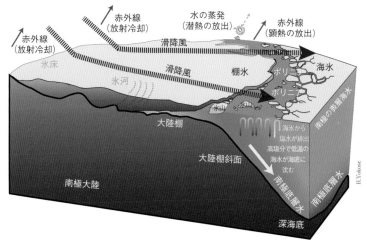

図 4-5　熱塩循環をつくり出すポリニア

す．この比較的乾燥した極寒の滑降風によって，氷の張っていない海面から水蒸気の蒸発に伴う潜熱を利用して効果的に海面を冷やします．海面で発生した大量の海氷は，滑降風の風下側に吹きだまりとして吹き寄せられるため，海面が海氷で覆われないポリニアが形成されます（図 4-5）．

　海氷が冷気によって，塩分を含まない氷の成長が進行するため，結晶間に取り込まれた海水が高塩分の余剰海水として海に排出されます．この海氷下部で生産された，高塩分で低温の海水が海底に向かって沈降する深層流の原動力となります．以上のようにして海底に沈降する海水量は，南極とグリーンランド南部のそれぞれで，毎秒 2000 万 t にも達すると見積もられています．

　深海底まで到達できる水塊は底層水と呼ばれ，深海底までは到達できないものの直上付近まで沈降できる水塊は深層水と呼ばれています．世界で最も重たい南極起源の水塊は南極底層水（AABW）と呼ばれ，世界中の海底に広く分布しています．その高密度ゆえ，北大西洋ではグリーンランド周辺で生産された北大西洋深層水（NADW）の下にも，南極底層水は沈み込みます．

f.　重たい海水をつくり出す物理・化学的メカニズム

　水の密度と温度の関係を図 4-6 に示します．水溶液中の水分子は，部分的に水素結合をしているものの基本的には単独で分子振動をしています．温度上昇は分子振動を活発化させ，分子間距離が増大します．その結果，高温では低密度に，低温では高密度になります．

　純水の場合，密度は 30℃ で 0.9957 g/cm^3 ですが，10℃ になると 0.9997 g/cm^3

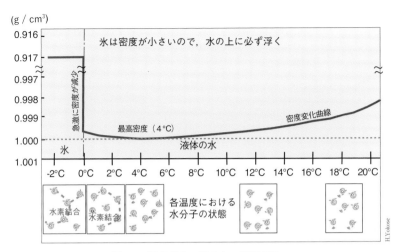

図 4-6　温度変化に伴う水の密度変化

まで増加し 4℃のときに最大の 1.0000 g/cm³ になります．ところが，4℃以下に温度が低下すると逆に密度が小さくなり始め，凍結寸前では 0.9998 g/cm³ になります．さらに，氷になると密度（0.9170 g/cm³）は一気に減少し，水の上に浮き上がります．この密度減少は，水素結合の影響で水分子が規則的に並び始め，分子間の隙間が拡大したためです．

　海水のように塩分を含む場合，溶けている塩類が水分子の隙間に入り込むため，純水に比べ密度は大きくなります．たとえば 20℃程度では，海水の塩分変化に伴い，密度は 1.021 g/cm³（塩分 30‰）から 1.025 g/cm³（塩分 35‰）へ増加します．この塩分 35‰程度の海水を 30℃から 0℃まで冷却すると，密度は 1.022 g/cm³ から 1.028 g/cm³ まで直線的に増加します．

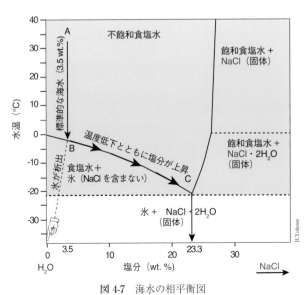

図 4-7　海水の相平衡図

　塩分を含む海水は，水分子の規則的な水素

結合が阻害されるため，海水温が −1.8℃に下がったところではじめて，塩分を含まない氷が形成されます．海水を水と NaCl の混合物とみなせば，2つの成分の温度変化に対する固体や液体の安定性（2成分系相平衡）として議論できます（図 4-7）．

たとえば，塩分 3.5% の液体（点 A）を入れた容器を冷却すると，−1.8℃まで温度が下がったところで液相線に到達します（点 B）．この時点で析出する固体は，塩分を含まない氷（H$_2$O）です．氷は，海水に比べて低密度のため表面に浮かび上がり，液体から取り除かれます．氷の除去によって，残液は冷却とともに液相線 B-C に沿って塩分を増加させます．残液が −21.3℃まで冷却されると，点 C（共融点）において塩分 23.3% の塩辛い氷ができます．

このように，海水は冷却に伴って一方的に密度が大きくなります．特に氷の取り除かれた海水では塩分も増加し，温度低下と塩分上昇による高密度化が進行します．ポリニアでは，海水のもつ物理・化学的性質が高密度海水をつくり出す上で好都合であり，その条件を提供する地球環境は広大な陸域と極循環なのです．

g. ブロッカーのコンベアーベルトモデルと気候変動

GEOSECS プロジェクトでは，放射性同位体元素である ^{14}C を使って海水の年齢を割り出す研究も実施されました．^{14}C 年代測定法は，考古学や仏像の年代測定で多用される方法です．放射性元素である ^{14}C は，大気中の窒素に熱中性子が衝突して形成され，半減期 5730 年の β 崩壊を経て ^{14}N に放射壊変します．

大気中の ^{14}C の存在度は平衡状態にあると考えられており，一定の値をとります．^{14}C が大気から隔離されると時間とともに減少するので，安定同位体である ^{12}C と ^{14}C の比（^{14}C/^{12}C）も時間とともに小さくなります．つまり，深層に沈降した海水は大気との相互作用が絶たれるため，^{14}C 量の減少量は大まかに海水年齢に対応します．

北大西洋の深層水を原点として，南極海，インド洋，太平洋の年齢をそれぞれ調べると，南極海で約 800 年前，インド洋では約 1200 年前，そして北太平洋では約 2000 年前の年代が得られました．最も古い約 2000 年前の北太平洋の海水は，北緯 20 ～ 40 度付近の水深 2000 m あたりに広く分布します．

1980 年代，アメリカの地球科学者ウォーレス・ブロッカーは，地球規模で発生する熱塩循環をベルトコンベアーのような流れ（ブロッカーのコンベアーベルトモデル）として発表し，深層大循環をわかりやすく説明しました（図 4-8）．

沈降した深層水は，それまで海底に存在していた海水を外側に押しやり，海底地形に沿って横方向に少しずつ流れます．海底における流れは最速でも 10 cm/s 程度の速さで，それ以外のところではほとんど計測不能です．コンベアーベルト

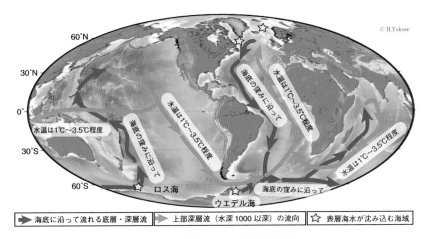

図 4-8 地球環境を左右する熱塩循環

モデルはあくまでも概念図であり，実際の深層流を必ずしも正確に表しているわけではありませんが，約 2000 年かけて世界の深海底をまわる巨大な流れを端的に表しています．コンベアーベルトの上部に相当する少し温められた深層流は，深層の最上部で，密度躍層の最下部に相当する水深 1000 m 付近を流れます．つまり，表層の風成循環と深層の熱塩循環は，密度躍層を挟んだまったく別の循環流です．

この深層大循環は，大気中の二酸化炭素や酸素を深海に運んだり，高温の表層海水を高緯度地域に導いたりと，地球環境にとって重要な大動脈となっており，地球気候の安定化を担っています．

最終氷期極大期から後氷期に変わった矢先の約 1 万 3000 年前には，深層大循環による気候安定化機能が損なわれる事件が起きました．後氷期の温暖化によって北米大陸の氷河が大量に融解し，大西洋に大量の淡水が流入しました．これによって表層海水が低塩分化したため，通常の冷却過程では十分な密度に至らず熱塩循環が停止しました．その影響で北半球は 1000 年にわたって急激な寒冷化に見舞われ，氷期に逆戻りしました．この後氷期に起こった短期的な亜氷期は，ヤンガードリアスと呼ばれています．地球温暖化が進む現在，降雨量の増加とともに氷河の減少が要因となって，表層海水の低塩分化が進行し，熱塩循環が再停止する事態も懸念されています．

4.2　深海魚の奇抜な形はどのように決まったのか

イギリスの博物学者エドワード・フォーブスは，1839 年に実施した調査航海

の結果に基づいて，水深548 m（300 ファゾム）より深いところには生物が存在しないとする「無生物帯」を提唱しました．しかしその後，さらに深い領域から相次いで生物が発見され，深海無生物帯は否定されました．1872 〜 1876 年に実施さ

無人潜水調査船　　　　　　　　　　有人潜水調査船

図 4-9　無人および有人潜水調査船

れた HMS チャレンジャー号による調査航海は，深海の特徴やそこに住む生物に関する膨大な成果を上げ，深海研究を含めた海洋学の基礎を構築しました．現在でも，様々な潜水調査船によって新たな深海生物が発見され続けています（図4-9）.

a. 深海魚の生息環境による区分

「深海」と一口にいっても，どの水深領域を指すのかは様々で，分野を横断的に統一した定義はありません．物理的観点からみると "深海" は主水温躍層の下から海底までとなり，水深 1800 m 以深や水深 1000 m 以深とする場合があります．

　生物相に基づいた区分では，200 m 以深を深海と呼んでいる場合が多く見受けられます．一般に海洋地域は，常に海水のある外海と潮間帯にあたる海岸に二分され，外海はさらに，大陸棚の浅海帯とそれよりも外側にあたる外洋域に分けられます．

　海のどこを主な生息域にするかによって，魚類は分類されます．すなわち，海底から離れた海水中を主な生活圏とする遊泳性魚と，海底およびその近傍を主な生活圏とする底生魚とに二分され，底生魚はさらに海底と接触しながら餌となる生物を待ち伏せる魚（benthic fish）と，海底から 5 m の範囲内を遊泳する魚（benthopelagic fish）に分けられています．

　生物相を基本とした 200 m 以深の区分を，図 4-10 に示します．海底における生物の生息環境は，地形に大きく左右されることから，海底地形の区分と生物相区分は大まかに対応します．大陸棚縁辺部までの水深に相当する 200 m までが表層，大陸棚斜面に相当する水深 200 〜 1000 m が中深層，コンチネンタルライズに相当する水深 1000 〜 3000 m が漸深層，そして深海平原に相当する水深3000 〜 6000 m が深海層と区分されています．

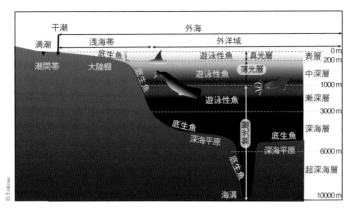

図 4-10　生物相による深海の区分

　戦前においては，水深 6000 m 以深は無生物帯であるとする考えもありましたが，戦後に水深 1 万 m を超える海溝からも生物が発見され，新たな区分として超深海層が設定されました.

　こういった区分は，おおむね海水中を透過する光の残存量にも関連します. 表層は真光層に対応し，全海洋地域の 83% に達する生物量がこの深度帯に集中します. 中深層は，かすかに光が存在する薄光層に対応します. その中で水深 600 〜 700 m より浅い部分では，体側を銀色に輝かせる深海魚や，赤い部分と透明な部分が混在する甲殻類が特徴的に出現する生物相が存在します. 一方，700 m よりも深い部分では，体側に鏡面をもたない深海魚や，全体が赤い甲殻類を主体とした生物相に変わります. 漸深層よりも深い部分には，暗闇である無光層が対応します. ちなみに 3000 m 以深にあたる深海層と超深海層のバイオマスは，海全体の 0.8% 程度と推定されています.

b. 深海魚の英語名はイメージしやすい

　深海魚の英語名で，なかなか面白いものをいくつか紹介しましょう.

　ハダカイワシ（lantern fish）目は，英語名を直訳するとランタン魚となります（図 4-11A）. ランタンとは提灯やキャンプのときに使う灯りのことです. ハダカイワシは 10 cm 弱の小さな魚で，体側や腹部に多数の青い発光器や鏡状の部分があり，まさにランタンをもった魚という印象です. 深海魚全体のバイオマスでは 65% を占めます.

　「ハダカイワシ」という和名は，少し経つと黒色の表皮がはげて「ハダカ」の状態になってしまうため命名されたようです. 多くの中深層深海魚も表皮が薄いため，捕獲後しばらくするとはげ落ちてしまうので，ハダカイワシと同様に「○

○ハダカ」と命名されている種類も少なくありません.

ヨコエソ（bristle mouth）科は，口に剛毛（bristle）のような歯を備えた魚と訳せます（図4-12B）．またムネエソ（marine hatchetfish）科は，直訳すると海の手斧魚となります（図4-11B）．薄っぺらで体側の大部分が銀色を呈し，腹部に発光器が並んでいる魚で，外見はまさに手斧のような形態です.

ダルマザメ（cookie cutter shark）は，直訳するとクッキーの型抜きサメとなります（図4-11C, D）．口を開けると円形に並ぶ歯があり，マグロなどの大型魚に突進して，表皮を丸くえぐり取ります．噛み切られた跡が，あたかもクッキーの型で抜かれた後の生地のようになることから，この名前がつけられました.

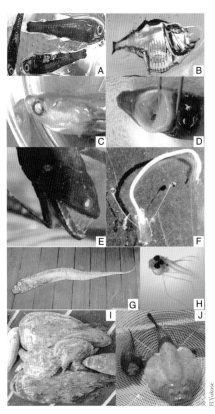

また，この魚は体の割には大きな緑色の目をもっています．深海ザメの多くや中深層の深海魚には，ダルマザメのように緑色の目（図4-11C）をもつ魚がたくさん見受けられます.

アンコウ（anglerfish）は，釣り人を表すanglerに魚がついた名前をもって

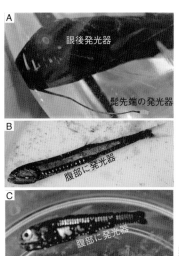

図4-11　主な深海魚と仔魚
A：ハダカイワシ，B：テンガンムネエソ，C，D：ダルマザメ，E：ミツマタヤリウオ（成魚）と，F：眼柄が特徴的なその仔魚，G：サケガシラ，H：フリソデウオ科の仔魚，I：アンコウ類，J：ミドリフサアンコウ

図4-12　深海魚の発光器官
Ａ：トカゲハダカ（英名：ドラゴンフィッシュ，頭部や髭の発光器），Ｂ：ヨコエソ（英名：ブリストルマウス，腹部の発光器），Ｃ：ハダカイワシ（英名：ランタンフィッシュ，頭部および腹部の発光器）

います．アンコウ目に属する魚は，頭から細長く飛び出た誘引突起を釣竿のように揺さぶり，先端のエスカ（疑似餌状体）を使って獲物を誘います（図4-11I, J）．その光景は，ルアーフィッシングをしている釣り人そのものです．鍋などの材料に使われるアンコウは底生魚であり扁平していますが，漸深層の遊泳性深海魚のチョウチンアンコウ類は楕円形の歪な卵型をしています．また，エスカに発光バクテリアを共生させている種も少なくありません．

ワニトカゲギス（viperfish）目は，毒蛇魚と訳せます．ワニトカゲギス目の一種であるトカゲハダカは，ヒゲ，顔面，腹部に発光器が備わっています（図4-12A）．この種類の魚は発達した牙を多数備え，エイリアンのような面持ちをしています．またワニトカゲギス目のミツマタヤリウオ科の魚は，顎から長く伸びたヒゲをもっており，その先端には大きな発光器を備え，そのほか目の周りや腹側にも存在します．

ミツマタヤリウオ類の仔魚をはじめ，ワニトカゲギス類やソコイワシ類の仔魚は，頭部から長く突き出た柄の先端に眼（眼柄）をもっています．成長すると眼柄は収縮して，通常の魚のようになります（図4-11E, F）．

アカマンボウ目の中で，サケガシラが属するフリソデウオ科の魚（図4-11G, H）やリュウグウノツカイは，リボン魚（ribbonfish）と呼ばれています．一般に，体高に対して体長が長く，海中を漂うまさに巨大なリボンのような魚たちです．サケガシラやリュウグウノツカイは，地震魚と呼ばれることがあります．

魚類としての種類の70％は，水深500 m以浅に生息しています．水深3000 mよりも深いところに生息する種類は全体の3％にすぎません．深海魚は，円口類（ヌタウナギ），軟骨魚類（サメやエイなど），条鰭類（いわゆる魚），そして肉鰭類（たとえば，シーラカンスなど）で構成されています．円口類や軟骨魚類は500 m以浅から最深4000 m前後で捕獲されています．条鰭類は，表層から水深8000 mまでの広い水深で捕獲されており，たんぱく質の構造上8500 m以深には生息が難しいと考えられています．肉鰭類は水深200〜300 mで生活していることが実際観察されています．

深海魚には，深海領域に種の数が最も多いグループと表層から深海に向けて生息水深とともに種の数が減少するグループの2つが存在しており，前者は一次深海魚（深海領域で進化した魚）とそして後者は二次深海魚（浅海領域に起源をもつが，進化とともに深海領域に生息域を広げた魚）と考えられています．漸深層の遊泳性深海魚には一次深海魚が，そして底生深海魚は二次深海魚が主体となります．

そもそも魚類は，デボン紀に爆発的な進化を迎えます．現在と違って一次生産者である珪藻や一次消化者であるカイアシ類が当時表層海水に存在しなかったた

め，魚類の深海への進出は，これらの食料が整ってからとの見方もあります．現代の深海魚は，海洋無酸素事変や大量絶滅期をしのいで，「第二の魚類時代」と呼ばれる白亜紀から古第三紀に進化した種類が主体となっています．

c. 極限状態を生き抜く深海魚の3つの必須条件

マグロのような魚食魚は，筋肉を発達させて，高速に遊泳できる能力を獲得することで食料の確保を目指しました．そのため，マグロは浮き袋による浮力の調整を必要とせずに，泳力だけである程度の水深範囲を遊泳できます．

表層には豊富な食料があり，マグロのように遊泳力で生存競争を勝ち抜く魚もたくさんいます．一方，一次生産者のいない深海領域で主に生活をしている深海の生物たちが生き残るためには，①泳がなくても沈まないようにする，②敵に見つからないようにする，③めったにありつけない食料を確実にしとめる，が必須条件です．この①〜③について解説しましょう．

d. 中性浮力の獲得

餌のない時期には，なるべくエネルギー消費を節約することでも生存競争を勝ち抜けます．つまり，暗闇の中で浮力を調整して，自分の深度を維持しつつ（浮力＝0：中性浮力）獲物の到来を辛抱強く待ちかまえるか，あるいは海底にいて獲物を待ちかまえれば，エネルギー消費が少なくて済みます．深海魚のみならず，海中を泳ぎ続ける必要のない底生魚にとって浮力調整はさほど重要にはなりませんが，遊泳性魚類にとってはまさに死活問題です．

一般に浮力は，アルキメデスの原理で以下の式で表せます．

浮力＝（海水密度−魚体密度）×魚体体積×重力加速度

中性浮力にするためには，上式からも明らかなように魚体密度を海水と同程度にすることが必要です．

浅海に生息する魚は体を構成する主要部位が海水（$1.026\,g/cm^3$）より高密度で，たとえば，ある種のカサゴでは，表皮が$1.070\,g/cm^3$，鰭の部分が$1.071\,g/cm^3$，筋肉が$1.062\,g/cm^3$，肝臓が$1.062\,g/cm^3$といった密度を示し，特にカルシウムなどの重い元素を主体とする骨（頭部や背骨）は，実に$1.53\,g/cm^3$になります．このように浮袋などの浮力調整機能がなければ，泳がないと海底に沈んでしまいます．

中性浮力にするためには，上式からも明らかなように魚体密度を海水と同程度にすることが必要です．実際のところ，ガス，脂肪分，海水より塩分の少ない体液を使って，魚たちは中性浮力を実現しています．

表層の魚は，ガスで満たされた浮き袋を使って，浮力調整をしている種類がた

くさんいます．水深100 m程度から釣り上げられた魚が，圧力変化に対応しきれず，浮き袋が大きく膨らんで風船のようになっている光景をよく見かけます．

　一方，深海魚は高圧の環境下で生活しているため浮き袋が圧縮されてしまい，大量のガスによる調整では十分に機能を果たせません．そこで，少量のガスと脂質やワックスを浮き袋に充填して，浮力材に活用している深海魚がたくさんいます．また，脂肪分，海水より塩分の少ない体液を使って，深海魚たちは中性浮力を実現しています．

　低密度の物質として深海魚が活用する脂質としては，中性脂肪のトリアシルグリセロール（$0.93\,\mathrm{g/cm^3}$），人体の肝臓や骨髄にも存在するアルキルジアシルグリセロール（$0.91\,\mathrm{g/cm^3}$），脂肪酸と脂肪族アルコールのエステルである非消化性のワックスエステル（$0.86\,\mathrm{g/cm^3}$），サメの肝油に含まれるスクワレン（$0.86\,\mathrm{g/cm^3}$）やプリスタン（$0.78\,\mathrm{g/cm^3}$）などが挙げられます．

　いずれも海水に比べて密度が小さく，体内に蓄積することで中性浮力の成立に役立ちます．たとえば深海ザメは肝臓に脂質を多量に蓄えることで中性浮力に近づけています．脂質を蓄える場所としては，肝臓の他に骨髄，頭骨，筋肉，内臓，皮下，そして脂肪嚢などが活用されます．また，深海魚に含有される多くの脂質は不飽和度が高く，深海における温度範囲でも流動性を保ち続けます．

　中性浮力に向けた深海魚の努力はまだまだあります．私たちが刺身を食べるとわかるように，海水魚の体液中の塩分は海水よりも低くなっています．塩分の少ない水っぽい体液をさらに増やせば，全体が低密度化します．一般に，深海魚の肉質が水っぽく感じるのはこういった理由からです．また，ゼラチン質の体液も海水より低密度であり，浮力調整に活用できます．

　さらにすごいのは，高密度部位を極力低減して軽さを追求していることです．つまり，鱗，鰭を退化させ，筋肉や皮を少なくした上で，さらに脊椎を薄くし肋骨も小さくしていきます．また一部の骨を軟骨に置き換えるなど，徹底した低密度化が施されています．こういった徹底的な低密度化戦略が，現在の深海魚にみられる特殊な形状の一端を担っています．

e. 深海生物の生物発光の意味

　無光層以浅にあたる水深1000 mまでは，必ずしも暗黒というわけではありません．そのため，深海魚の網膜には弱い光にも鋭敏に反応できる桿体細胞（かんたい）が多く存在しています．一方，私たちのように，色彩や強い光を感じる錐体細胞（すいたい）はほとんど存在しません．その上で，眼球を大きくしたり，管状眼にしたり，網膜背後にタペータム（光を反射する組織）を用いるなどして，視覚の強化を図っている深海魚も少なくありません．

　ダルマザメの眼球が緑色（図4-11C）を呈しているのはタペータムによる光の増幅効果であり，夜行性動物の目が光るのと同じ原理です．さらに深海魚の中には，青緑色の波長（水中で，吸収の少ない波長）に対して感度のよい感光色素タンパク質を有するものもおり，ヒトの15 ～ 30倍の感度と報告されています．

　深海魚の眼球サイズと頭長を比較した研究によると，中深層の遊泳性深海魚には頭長の2 ～ 4割程度の大きさの目を有する魚が多く存在します．漸深層では，頭長の1割程度の大きさの目が主体となり，生物発光組織を欠く魚が一般的となります．深層では，頭長の20分の1程度のサイズの眼球をもつ魚がまばらに確認されています．

　一方，漸深層以深に住む底生深海魚には，中深層に住む遊泳性深海魚のように視覚の発達した魚が多く存在します．水深1000mよりも浅いところに住む深海魚は，むしろ視覚が発達しており，水深3000m以深では視覚の退化した深海魚が多くなります．

　中深層の深海魚は，かすかな光をとらえることができるだけでなく，生物発光を効果的に利用して生活しています．発光器は，囲眼部発光器（図4-12A），体側発光器，腹側前発光器（図4-12B）や腹鰭から尾部にかけての腹側発光器（図4-12C）といった場所に主に発達しています．このほかにも，色々な場所に発光器があります：誘引突起のエスカ，ヒゲの先端（図4-12A），肛門周辺（ソコダラ）．

　深海魚の発光方法は，自力発光と共生発光の二種類です．自力発光は発光酵素（ルシフェラーゼ）を触媒として活用し，発光素（ルシフェリン）を酸化することで発光現象（ルシフェリン・ルシフェラーゼ反応）を起こします．多くの深海魚は，この自力発光によって光っています．共生発光は，発光バクテリアを発光器に共生させ発光するもので，チョウチンアンコウやソコダラが典型例です．

　深海魚の発光には，主に次の3つの役割があります．①カウンター・イルミネーション，②捕食，③仲間とのコミュニケーションです．

　カウンター・イルミネーションは，腹側に配列した発光器を光らせることで影が出ないようにするものです．薄光層であったとしても眼のよい深海魚は黒い魚体を影として認識できるので，発光器によってカウンター・イルミネーションをすることで影を消しています．これは青魚のカモフラージュと同等です．

　深海に生息する生物の多くは発光し，個体数でみると，中深層の甲殻類は40 ～ 80%が発光し，オキアミに至っては100%近くになります．つまり，発光する物体は深海魚にとって餌である可能性が高くなります．これを逆手にとって，チョウチンアンコウのようにエスカを光らせて小魚をおびき寄せたり，ムネエソのように口の中を光らせて餌となる生物を誘ったりします．さらに，目の周りの

発光器はサーチライトのように使って，獲物発見に役立てていると推定されています．

　発光器は，個体識別にも一役買っていて，発光器のパターンはランダムではなく，種によって場所が決まっています．生物密度の低い深海で，繁殖相手を見つけるための有効な広告塔として，発光器パターンが活用されているのです．特に，目の周りに配列する発光器は，雌雄の識別にも利用されているようです．

f. 深海魚たちの過酷な食卓事情

　真光層以深の海域では，一次生産者を期待できません．そこで，中深層に生息する動物プランクトンやエビ，そして小型のネクトンであるハダカイワシなどの深海魚は，夜間表層に上昇して，プランクトンやそのほかの生物を食料として確保する日周鉛直移動を行います．夜間の表層は，ふだん中深層で生活する生物群にとっては通常の明るさとなります．動物プランクトンを主体とした日周鉛直移動は，音響測深機の開発当初，海底とは別の反射面として現れたため幽霊底と呼ばれました．その後，この音響反射面が朝と夜で垂直移動する生物群であることが確かめられ，深海音波散乱層（DSL）と改名されました（図4-13）．

　DSLは，中深層帯の深海魚の動きをよく追跡できます．日周鉛直移動は，いわば表層の有機物を効率よく中深層に運ぶ役割をもち，中深層のバイオマスを支えています．そして，表層および中深層で生産された有機物が漸深層上部の生物群に受け渡され，さらに下層へともたらされます．このような階段状の有機物の受け渡しのほかに，マリンスノーとなって海中を漂うデトリタスや糞粒も深海生物の栄養源となります．

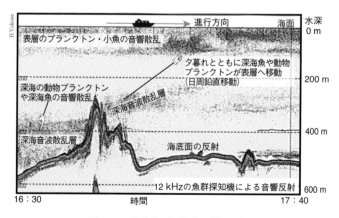

図4-13　幽霊底（深海音波散乱層）
12kHzの魚群探知機による音響反射図．夜間になると表層に移動する．

　大きな死骸や糞粒はすばやく海底に到達するため，遊泳性深海魚が活用できる有機物量は，深度が増すごとに極端に減ります．深海層には遊泳性深海魚はほとんどいませんが，底生深海魚はある程度存在します．それは，海底に降り積もったマリンスノーや死骸などの有機物に対して，それらを餌とする生物群（腐肉食動物など）が生息し，底生深海魚の生存を支えているからです．

　時には，クジラなどの大型生物が死骸として深海底に追加され，多量の有機物が局所的に豊富になります．死骸の分解に伴ってメタンガスや硫化物が発生すると，一次生産者として化学合成生物群を基礎とする生態系が構築されます．クジラの死骸に形成される深海の生物群集を，鯨骨生物群集と呼びます．

　さらに，海底の熱水活動地域やメタンガスを含む湧水地域は，深海底生物にとってオアシスとなります．熱水噴出孔は，硫化水素などを百万年程度にわたって海底に放出し，また湧水地域はメタンガスを海底に供給します．

　これらの化学物質は，それぞれ熱水噴出孔生物群集および湧水生物群集にとってのエネルギー源となっています．熱水噴出孔の周辺ではバクテリアの増殖によってマット状の集合体が形成され，それを餌とする動物プランクトンが集まっています．熱水地域や湧水地域に生息するチューブワーム（ハオリムシ）やシロウリガイは，化学合成細菌を細胞内に共生させ，エネルギーを獲得しています．そして，それらを捕食する，より高次の消費者である，エビ（図 4-14D，E），カニ，巻貝，魚類，タコといった豊かな食物網が構築されています．熱水噴出孔周辺では，定常的なエネルギーの供給があるため，ほかの深海地域よりも生物の成長が早くなります．

　遊泳性深海魚は，めったにありつけない食料を確実に仕留めるため，ワニトカゲギス目のように内側に反り返った大きな牙を発達させたり，よ

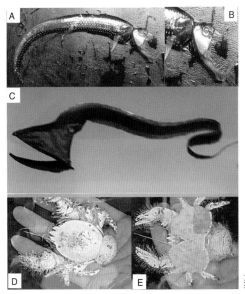

図 4-14　深海魚の摂餌における工夫
A：ホウライエソと，B：大きな獲物を捕えるために可動範囲が広い顎．C：フクロウナギの模型，D：ゴエモンコシオリエビ，とE：その腹側．腹部の剛毛部分にバクテリアを共生させて餌とする．

り大きな餌を逃さないよう，開口範囲を広げる目的で顎の可動領域が大きくなっていたりします（図4-14A, B）．またフクロウナギ（図4-14C）のように，口を大きく開けてプランクトンを捕獲できるようにしたり，クロボウズギスのように胃袋を大きく膨らませ，自分より大きな餌でも丸呑みできる構造を発達させたりしています．深海魚のいかつい顔は，少ないチャンスをものにするための形態上の進化なのです．

g. 深海魚は長寿だが繁殖効率が低い

　餌が少ないはずの深海ですが，巨大化した底生深海魚の映像をしばしば見かけることがあります．これは，温度の低い深海では魚の代謝がきわめてゆっくりと進行するため，成長や成熟期が遅れ，結果として長寿命になったため巨大化したと考えられています．

　このことは，言い換えると大型深海魚の多くは，漁業対象とされた場合に商業的絶滅に陥りやすいことを示しています．食料の少ない深海底は，同時に天敵の少ない環境でもあり，順調に成長できれば大型化による生存のチャンスも拡大します．このようにして，長期間にわたる淘汰の過程で長寿の深海魚が大型化します．深海魚のみならず，深海サンゴ，二枚貝や海綿も水深と寿命との関係が報告されています．

　ある深海魚の年齢査定では，耳石に刻まれた同心円状の輪を年輪として計測すると75〜100歳，日輪とすると15〜30歳の値が得られています．深海における耳石の年齢査定には色々と議論がありますが，深海魚からは数十年程度の寿命が多く報告されています．

　北極海の表層から水深1816 mの広い範囲に生息する，メスのグリーンランドサメ（*Somniosus microcephalus*）28匹に対する眼球のレンズを使った放射性炭素の年代測定では，平均寿命が272歳で，性成熟が156歳と推定されています．中でも最も大きな5 mに達する個体は，約400歳と推定され，現在知られている脊椎動物の中で最長寿と考えられています．ここで強調すべきことは，長寿であること以上に，性成熟が遅いことです．つまり，人間で言うなら誕生後150年経過しても，まだ成人とは呼べない状態の生物が地球には存在していることです．

　底生深海魚にとって深刻な問題は，性成熟に達する平均年齢が大陸棚程度の水深なら3〜4年で集団の半分くらいが性成熟できますが，水深700 mを超えると20年必要になります．さらに，水深が50 mのときと700 mのときのメス1匹あたりの卵の数を比較すると，10倍違ってきます．これらからも明らかなように，魚だからといって毎年多量に卵を生むわけではなく，深海魚の繁殖力がきわめて

低いとみなせます．つまり，一部の深海魚は，餌は少ないが，安定している深海環境において，少なく産んでゆっくり育てる生存戦略で命をつないできているように思えます．

　これまで，漁獲対象から外れた深海領域だったからこそ，長期間人の手が加わらず，巨大化した個体が生き残っているのでしょう．これは，深い森の巨木と同様に，長い年月にわたって誰の目にも触れず，長寿命による巨大化であることから生物多様性を保護するためには，それぞれの生物に即した時間スケールを理解して，絶滅の淵に追いやらないようにそっとしておくことが大切なのではないでしょうか．

第5章

海を越えて世界に広がる人類

- ◉ 地球と太陽と海水準変動（ミランコビッチサイクル）
- ◉ 気候変動で拡散する人類（ホモ・サピエンス，スンダランド）
- ◉ 海洋民族と自然災害（最終氷期極大期，黒潮の民，火山の冬）
- ◉ 方位と時間の概念（方位，時間，60進法，エラトステネス）
- ◉ 地球基準の時空間（大航海時代，本初子午線，メートル法）
- ◉ 音で海底調査（音響測深技術，人工衛星アルチメトリ）
- ◉ 海洋はひと続き（排他的経済水域，one planet one ocean）

....

アフリカ大陸に出現したホモ・サピエンスは，気候変動などで不足した食料を求めて地球上に広がっていきました．気候変動は，地球と太陽の位置関係の周期性（ミランコビッチサイクル）によってもたらされ，海面を130mほど上下させました．そして日本人の祖先もホモ・サピエンスの一員として，日本列島に渡ってきました．世界に拡散した人類は，太陽の動きに基づいて時間と空間の概念を産み出します．さらに，大海原を行き来するようになった人類は，位置把握のために天体を使って時間や方位を正確に割り出します．現代は，原子時計を載せた人工衛星を使って位置を知り，音波を使って水深を割り出しています．これらの方法を駆使することで，大海原に境界線を引いて分割しています．しかし，海洋は人類誕生以前からひと続きであり，たとえローカルな出来事でも全地球に影響します．

5.1 海洋と人類：大航海以前

石器時代後期から縄文時代（約1万6000～3000年前）までに日本列島に住み着いていた人々（縄文人）と，弥生時代（約3000年前以降）になって稲作技術とともに大陸から日本列島に渡ってきた人々（渡来系弥生人）の遺伝的特徴は，顔の形が四角いか丸いか，耳垢が湿っているか乾いているかなど，様々な部分に

| アフリカ大地溝帯（ケニア） | 9500年前の復元集落（上野原遺跡） |

図5-1　人類の軌跡

現れます．

　身体的特徴は，地球の様々な気候帯に適応してきた歴史的記憶です（たとえばアレンの法則やベルクマンの法則など）．縄文時代までに日本に渡ってきた人々は，彫りが深くてがっちりとした人々で，弥生時代に大陸から渡ってきた人々は，平坦な丸顔の一重まぶたを特徴とした人々が想定されています．

　日本人自体は，日本で発生したわけではなく，今から約10数万年前にアフリカの大地溝帯周辺を出発したホモ・サピエンスが起源で（図5-1），約7万〜1万年前に相当する最終氷期に世界中へ拡散し，旧石器時代後期の4〜3万年前に初めて日本列島に到達したと考えられています．

a. 自然が創り出す気候変動

　地球規模の温暖化や寒冷化は，現代のように産業が発達していない時代でも起こっていました．このような，地球規模の環境変化に応じて，海水準変動がもたらされます（図5-2）．過去80万年間を見てみると，氷期が約10万年周期で繰り返されていることがわかります．その原因としては以下の①〜③の要因が複合して発生するミランコビッチサイクルが考えられています：①約10万年周期で公転軌道の離心率が変化すること，②約4万年周期で自転軸の傾斜角が21.5〜24.5度の間を変化するこ

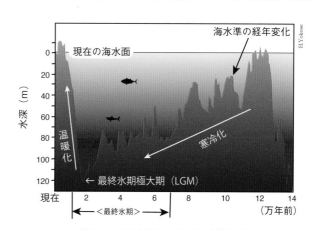

図5-2　最終氷期における海水準変動
（http://www.ncdc.noaa.gov/paleo/ctl/clisci100k.html を基に作成）

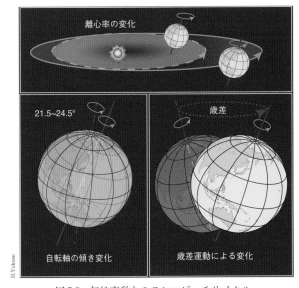

H.Yokose

図5-3 気候変動とミランコビッチサイクル

と，③約2万年周期で自転軸がコマの首振り運動（歳差運動）のような挙動をすること（図5-3）.

海と陸の配置や太陽放射の照射角度が変わると気候が変わることは第1章で述べたので，上記①〜③の要素によって日射量が周期的に変化し，地球の寒冷化や温暖化が発生することは理解できると思います．理論的に計算されたミランコビッチサイクルは，1970年代に実施された海底堆積物の調査によって裏付けられました.

また，ミランコビッチサイクルでは説明できない，1500〜3000年周期で継続期間が数十年ほどの急激な温度変化（平均気温が10℃程度変化する）は，ダンスガード・オシュガーサイクルと呼ばれています．地球の温暖化や寒冷化は，宇宙規模の問題でもあり，"水の惑星"を心に留めておく必要があります.

さて，狩猟採集が主な食料確保の手段であった石器時代の人類にとって，寒冷化は同一地域における収穫量の減少をもたらし，養える人数を制限するものです．そのため，食料を求めての移動が必然的な行動となります.

b. 世界に広がるホモ・サピエンス

地球の寒冷化に伴って海水準がしだいに低下すると，現在大陸棚として水没している地域は陸化します．7万年前の最終氷期に突入した時点で，海水準は現在より約80m低下していました．この海水準の低下によって，タイ，ミャンマー，スマトラ，ボルネオ，インドネシアにまたがる海域がスンダランド，オーストラリア，ニューギニア，タスマニアの一帯がサフールランドという広大な陸地として出現しました（図5-4）．また，ユーラシア大陸と北米大陸はベーリング陸橋によって陸続きとなっていました．日本列島周辺では，ユーラシア大陸，樺太，北海道が陸続きとなり，東シナ海の西側も大部分が陸化したことで，台湾から朝鮮半島まで陸地が連続し，徒歩による移動が可能だったと推定されます.

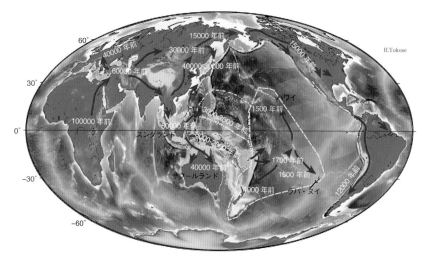

図 5-4　地球上に広がるホモ・サピエンス

　寒冷化に伴って，ハドレー循環の勢いが衰え，大気循環セルの規模が縮小すると同時に極循環は勢力を増します．これによって熱帯地域は縮小し，亜熱帯高圧帯に付随する砂漠地帯も低緯度地域に移動し縮小したと考えられます．

　寒冷化した地球において，スンダランドの出現は新たな熱帯雨林の出現を意味し，狩猟採集生活を主体とするホモ・サピエンスにとって生活上最適な地となったことでしょう．そしてホモ・サピエンスはさらなる生活圏を求めて，5万年前にサフールランドにも進出します．この移動には比較的幅の広い海峡を船で渡る必要があり，その時点までに人類が航海技術を獲得していた可能性が指摘されています．地球の寒冷化に伴って，ユーラシア大陸から日本列島に向けてマンモス動物群（マンモス，ケサイ，トナカイ，ナキウサギ，ジャコウウシなど）が移動してきました．ホモ・サピエンスが発生する以前から生息していたナウマンゾウやマンモスは，ユーラシア大陸のマンモスステップが寒冷化に伴って縮小したため，一足先に日本列島に移り住んできていました．

　4〜3万年前，ホモ・サピエンスが東南アジア方面から最初に日本列島へ移り住んだ頃には瀬戸内海が陸化していたほか，現在海岸周辺に発達する比較的平坦な浅瀬も陸化していたはずであり，日本列島全体への徒歩移動が容易であったと想像されます．「縄文人」となったホモ・サピエンスたちは，獲物を求めて日本列島全域に拡散していったことでしょう．

　その後も寒冷化は継続し，約2万年前に最終氷期極大期（LGM）を迎えます（図 5-2）．この時期には海水準は現在より120m下がり，地球上にある現在の大陸棚は全域が陸地化していました．2万年前までにバイカル湖に到達していたホ

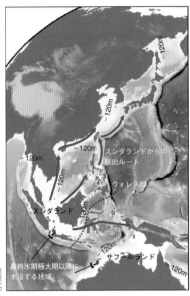

図 5-5 最終氷期極大期以降に水没した広大なスンダランド

モ・サピエンスは，その後マンモス動物群を追ってベーリング陸橋を渡り，北アメリカ大陸に移り住み，さらに南下を続けて南アメリカ大陸にも拡散していきます．

最終氷期極大期以降になると，急激な温暖化が進行します．約 1 万 5000 年前には大陸地域から氷床が消え，最終氷期が終わります．熱帯雨林気候の広大なスンダランドに暮らしていたホモ・サピエンスは，豊かな大地の水没とともに，海洋民族として移動を開始したと考えられています（図5-5）．人々は，遅くとも 6000 年前にはフィリピン諸島やニューギニアに到達します．そこからさらに東側に広がる，ミクロネシアやメラネシアといった島々には，航海術に長けたラピタ人として 3500 ～ 1500 年前に植民します．そして約 1500 年前にポリネシアの中央部に到達し，西暦 400 年頃にはハワイ諸島やラパ・ヌイ島にまで拡散したとされています（図 5-4）．

図 5-6 鹿児島で出土する縄文時代初期の丸ノミ型石斧
上図：上は松元町瀬戸頭 A 遺跡（11500 年前）から出土したもの．下は鹿屋市前畑遺跡（7500 年前）から出土したもので，表面が磨かれた磨製石器．下図：木をくり抜くのに適した，片刃タイプの形状．

c. 黒潮の民の誕生

縄文時代は後氷期にあたる海進期（縄文海進）で，人々の移動に適した平地は水没し，日本列島の山脈群が縄文人の移動を阻みました．たとえば九州山地の南側にあたる南九州では，孤立化に伴って本州とは異なる縄文時代の石器や土器を有する独自の文化が発展します．

鹿児島県加世田市 栫 ノ原遺跡では，1 万 2000 年前の火山灰層の下（縄文時代草創期）から，円筒状で先端が片刃の丸ノミ型磨製石斧が出土しました（図5-6）．世界最古の磨製石器と考えられるこの栫ノ原型石斧と類似の形態をもつ丸ノミ型石斧は，南九州の多くの地域で出土しており，形状から丸木舟作製用

の木をくり抜く道具として使用された可能性が指摘されています．注目すべき点は，この丸ノミ型石斧を産する縄文時代の遺跡は，黒潮（対馬海流を含む）に面する地域に限定されていることです．南九州では石斧のほかにも，石皿，敲石（たたきいし），磨石の出土が多く，植物

図5-7　鹿児島で出土する貝殻文様の平底土器
右図：霧島市上野原遺跡で出土した縄文早期の前半（9500年前）の土器は多彩で，貝殻文様が特徴的である．平底土器の出現は，本州よりも約5000年早い．左図：二枚貝の縁を使って，波模様を全面的に刻んでいる．

質の食材確保が比較的容易だったことを物語ります．花粉分析の結果から，南九州では温暖化に伴っていち早く照葉樹の森が復活し，コナラ，クヌギ，トチ，クルミが確保できるようになったようです．

　鹿児島県霧島市南部の上野原遺跡では，約9500年前の地層（縄文時代早期）から52軒の竪穴式住居群跡が見つかり，定住型の大集落があったことがわかりました（図5-1）．集落跡で出土した土器には，貝殻の先端部を使って波模様が刻まれていたり，貝殻の背を押しつけた装飾があしらってあったりと，海を連想させます．

　このような独特の模様をもった貝殻文（かいがらもん）円筒土器は，平底で円柱形や角柱形をしており，上野原遺跡をはじめとした鹿児島県全域をはじめ，宮崎県南部，大隅諸島，熊本県南部に出土が限定されます（図5-7）．

　丸ノミ型の磨製石器を主体とした南九州の石器文化に対し，同時期の本州では，それ以前の技法と考えられている打製石器（たとえば神子柴型（みこしば）石斧）が主体でした．また土器についても，平底土器を主体とする南九州に対して，本州は尖底土器を主体とします．こういった縄文人の生活用品，調理法，狩猟形態から，南九州は同時代の本州に比べて5000年ほど先の文化水準に達していたと考えられています．

　このように，南九州で栄えた独特の縄文文化は，スンダランドの水没に伴って北上してきた海洋民族（黒潮の民）によるものである可能性が強く示唆されています．ところが，豊富な食料に支えられた南九州の縄文文化は，約7300年前の超巨大噴火によって突然崩壊の危機にさらされます．

d. 縄文文化を襲った超巨大噴火

旧石器時代から縄文時代にかけて，日本人の祖先たちは南九州で発生した2度の超巨大噴火に見舞われ，一部は移住を余儀なくされました．

最初に起こったのは，旧石器時代後期にあたる約3万年前に鹿児島湾の湾奥で発生した一連の超巨大噴火（大隅降下軽石，妻屋火砕流，入戸火砕流）です．この噴火によって，始良カルデラ（現在の錦江湾）ができました．噴火の火山灰（始良 Tn テフラ）層は日本列島に広く分布し，関東周辺でも十数 cm の地層として確認されます．九州中部から南部では，噴出物は 50 cm 以上堆積しており，シラス台地を構築しました．総噴出量は，富士山全体の体積と同じ程度の 400 km^3 と見積もられています．

2回目は，縄文時代にあたる約7300年前で，薩摩硫黄島と竹島の周辺海域で一連の超巨大噴火（幸屋降下軽石，船倉火砕流，幸屋火砕流）が発生しました．長径 20 km，短径 8 km の楕円形の外形をもつ鬼界カルデラは，水深約 500 m に存在する巨大な海底カルデラです．成層圏に舞い上がった火山灰（鬼界アカホヤ火山灰）は，ジェット気流に乗って九州から関西にかけて厚く堆積し，関東でも一部に層厚 10 cm ほどの火山灰層が確認できます．170 km^3 の火山噴出物がこの噴火で放出されました．

火山灰は岩石が細かく粉砕されたものであり，密度は約 1.1 ～ 2.4 g/cm^3 です．新雪（0.05 g/cm^3）やしまった雪（0.1 g/cm^3）に比べ 20 ～ 50 倍重いため，50 cm の厚さなら 1 m^2 につき 1 t の重さになり，当時の住居ならばひとたまりもなかったことでしょう．また，火砕流が照葉樹の森を焼きつくし，回復には数百年かかったと推定されています．このように，2度目の超巨大噴火後，南九州は人が住める環境ではなくなってしまい，生活基盤を奪われた南九州の縄文人は，移住を余儀なくされたのです（図 5-8）．

さらに，上空に舞い上がった噴出物は対流圏を越えて成層圏に達する場合も珍しくなく，微細な火山灰や霧状の硫酸塩エアロゾルは，長期間にわたって成層圏に留まります．すると地球のアルベドが上昇し，地球全体の寒冷化がもたらされる火山の冬が発生します．近年では，1991年のフィリピンのピナツボ火山の噴火によって，1993年の記録的な冷夏がもたらされました．ピナツボ噴火の約20倍の規模だった鬼界カルデラの噴火でも地球の寒冷化が起こり，日本列島全体の縄文文化に重大な影響を与えました．

巨大噴火のおよそ 5000 年後，中国は春秋戦国時代に入り戦火に包まれます．戦争を回避するために，ユーラシア大陸から人々が稲作とともに日本に渡ってくるようになりました．

以上のような経緯で，日本列島には，3 ～ 4 万年前にやってきた人々，1万年

前にスンダランドから移り住んできた人々，そして弥生時代に渡来してきた人々が混在するようになりました．これら3種類の人々が時代とともに混血を繰り返し，現代の私たちの骨格を形づくっています．このように日本人は，海と深くかかわりあいながら，現在に至っています．

e. 縄文人は海を渡ってアメリカ大陸にたどり着いたのか？

超巨大噴火によって住むところを追われた南九州の縄文人は，九州からの脱出を試みたはずです．火山灰に埋もれた急峻な九州山地を横断して北上するよりも，丸木舟を

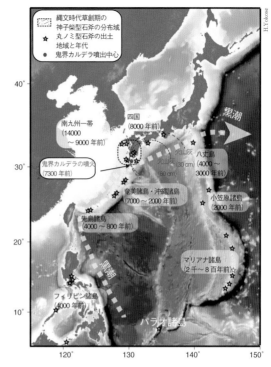

図5-8　鬼界カルデラの噴火と黒潮の民の拡散

使って海路を旅する方が，もともと海洋民族だった可能性が高い南九州の縄文人にとっては容易だったことでしょう．そして噴火から命からがら逃れた人々は，黒潮に乗って各地へ散らばっていったはずです．

　この噴火後の民族移動を裏づけるかのように，椛ノ原型磨製石斧と類似の丸ノミ型石斧を出土する約7300年前以降の遺跡が，黒潮に沿う形で分布するのは興味深い事実です．さらに，南九州を中心として遠ざかるにつれ，それらの遺跡年代が若くなるのは，超巨大噴火後に拡散した黒潮の民の痕跡かもしれません（図5-8）．

　彼らの移動に関する痕跡は，さらに遠い地域からも報告されています．1965年には南米エクアドルから縄文式土器と類似の特徴をもった土器の欠片が出土し，形成年代も約6000年前と報告されています．1996年にはバヌアツ共和国のエファテ島から縄文式土器ときわめて類似した土器の欠片が発見され，年代測定の結果，約5000年前につくられたと推定されました．海洋民族としての技量を携えた縄文人たちが世界の海に旅立った可能性も指摘されており，まさに海洋ロマンそのものです．

5.2　海を積極的に活用する人類

　GPS が発達していない時代，海上で自分が今どこにいるのかを知るためには，海面より高い位置にある物標（ぶっぴょう）が必要でした．陸地が見えている間は，その物標との位置関係から現在地を割り出せます（クロス方位法など）．しかし，周囲を水平線に囲まれた大海原では，頼りになる物標が存在しません（図 5-9）．

　ところで水平線とは，どのくらいの距離でしょう．周辺状況にもよりますが，洋上で波のない晴れた日に，海面上 4 m の高さ（水平線を眺める目の高さ：眼高（がんこう））から物標（水平線なので 0 m）を眺めると，観察者から目標物までの距離が次の経験式で求められます．

　距離（km）=（$\sqrt{眼高}$ + $\sqrt{物標}$）× 2.083（定数）× 1.852（km 換算）

　この式から，水平線までの距離が約 8 km と計算されます．眼高を 9 m と仮定しても，水平線までの距離は約 12 km にしかなりません．浜辺からだと，座高 1 m 程度と仮定すると水平線までの距離は 4 km 弱にしかなりません．海難事故で，よく「奇跡的に救助された」という話を聞きます．それは，先ほどの計算からも明らかなように，人影が見えなくなってしまう限界（水平線）までの距離が短いからです．

　たとえば大型フェリーが時速 40 km くらいで航行しているときに，乗客が誤って落水したとします．船員の眼高を 4 m とすると，上記のように水平線までの距離は約 8 km です．フェリーの速度を考えると，落水者は 12 分後に水平線の向こうに消えます．つまり，落水直後に船を止めない限り，絶望的な広さの大海原を捜索する事態になります．

　様々な航海技術が発達している現代と違い，昔の人々は目的地すら見えない危険な大海原に，周囲 8 km 程度の視界で命がけの航海に果敢に挑戦したのです．

a.　大海原で船の位置を決めるには

　そもそも，位置を昔の人はどのように決めていたのでしょう．太陽が昇る方向と沈む方向は決まっているので基準になります．また，それと交わる方向を考えれば，東西南北が決まります．

　そういった天体の周期的な動きに基づいて，紀元前 2000 年頃には，月は約 30 日周期で満ち欠けをし，それが 12 回繰り返されることで 1 年に相当すると考えられていました（太陰暦）．すると，360

図 5-9　水平線と海洋進出

日かけて地球は太陽の周り
を1周することになりま
す．ここから，円周（＝1
年）の360分の1が1日，
幾何学的には円周を360等
分したのが1度とされまし
た．

　また，太陽の運行に伴う
影の角度や長さで時間を
知る日時計が発明されま
す（図5-10上図）．起源は
古代バビロニアにあり，エ
ジプト時代に発達しまし
た．日の出から日の入りま
での時間を12等分するこ
とから始まりました．太陽
の出ない夜間も昼間と同様

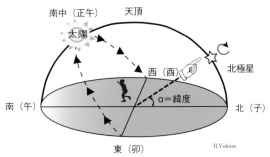

図5-10　人類に欠かせない位置と時間の把握
上図：古代の日時計，下図：天球・北極星・太陽の軌跡

に12等分したため，1日は24等分されました．その分割された1単位が，1時間なのです．　この12進法は，親指を使って各指の関節を指し示す方法として発達した数え方で，現在でも時間や方角のほか，ダースやグロスなどの単位が日常生活で使われています．

　このような経緯で，角度と時間は密接に関わっています．古代のメソポタミア文明やエジプト文明から，時間や角度にまつわる12，30，60，360の概念が受け継がれています．角度の単位は，1度＝60分，1分＝60秒というように細分されています．時間も同様に，1時間＝60分，1分＝60秒のように細分されています．10進法に慣れている私たちにとって，一見するとややこしい60進法ですが，60には多くの約数が含まれ（1，2，3，4，5，6，10，12，15，20，30，60），分割を目的とする算術操作で，60は端数を抑えられる利点をもちます．

　紀元前3世紀になるとギリシャ人地理学者エラトステネスによって，東西（横）と南北（縦）を線で示す，平面的な世界地図がつくり出されました．紀元前6世紀のギリシャ時代から，すでに①月食時の地球の影の形が円形であることや，②赤道に向かうにつれて北極星の見える角度が低くなるという根拠に基づいて地球が球体であると考えられていたため，エラトステネスは地球が球体であることは知っていました．

　エラトステネスの住んでいたエジプトのアレクサンドリアは，紀元前3世紀に

経済・文化・芸術の情報拠点でした．彼は，旅人から得た情報などをもとに地球の大きさを割り出し，地図を作成したのです．彼の導き出した地球のサイズは，現在の計測結果に対して誤差が 8% しかありません．エラトステネスの後，プトレマイオスがかなり小さな地球の大きさを算出しました．コロンブスは，この過小評価された地球の大きさを論拠に，航海資金をスペインから獲得しました．

　ここで，緯度と経度のおさらいをしましょう．緯線とは赤道と平行に引かれた線であり，天頂方向と赤道面のなす角で表されます．赤道を境に，南北にそれぞれ 90 度に分割され，北極や南極に向かって数字が大きくなります．赤道より北側が北緯，南側が南緯です．北緯 90 度は北極点を，南緯 90 度は南極点をそれぞれ指します．緯線の 1 つである赤道は大円であり，周囲長は地球の円周と等しくなります．

　古くから，天体の見える角度を利用して船の位置を把握する天測航法を使って，緯度が計測されてきました．たとえば，地軸の直上に輝く北極星（ポラリス）と水平面のなす角を測定すれば，現在地の緯度が求まります（図 5-10 下図）．北極星のみならず，正午における太陽の高度を測定することでも緯度は求められます（子午線高度緯度法）．

　地球を南北方向に走る経線はすべて大円であり，ほぼ等しい周囲長をもち，子午線とも呼ばれています．それは，古来より日本では方位を 12 に分け，それぞれに十二支を当てはめたことに由来し，北は子，南は午の方角とされたので，南北方向は"子午"の方角となります．

　地球の断面がほぼ円形なので，経線は東西方向を 360 度に分割します．イギリスの旧王立グリニッジ天文台を通る本初子午線面を基準とし，そこから東に 180 度の範囲を東経，西に 180 度の範囲を西経と呼んでいます．グリニッジ天文台から見て東の端に位置する日本は，しばしば極東地域と呼ばれます．

b.　コロンブスがカリブ海に渡った理由

　屋外のオリエンテーリングなどで目的地に向けて移動する場合，コンパス（方位磁針，羅針盤）が使われます．コンパスは，地球磁場に呼応するように方向を示してくれます．この地球磁場というのは，ちょうど地球の中心部に棒磁石が入っているようなイメージのもので，北極方向に S 極（北磁極），南極方向に N 極（南磁極）が存在します（磁気双極子）．

　この双極子磁場は，現在自転軸に対して 10 度程度傾いているため，北極点方向に相当する真北と北磁極方向は一致せず，そのずれを偏角と呼んでいます．コンパスの示す方向を立体的に見ると，赤道上では地面と平行ですが，それ以外の地域では傾きをもっています（伏角）．陸上のように，既知の地点からコンパ

スを使って進む方向を決め，移動距離を求めれば，移動先の到達地点がわかります．しかし大海原では，コンパスで船首の方向を測れても，海流や風の影響で船がコンパスの方向に進んでいるとは限らず，移動距離を簡単に求めることもできません．

コンパスは，紀元前4世紀に中国で開発され，12世紀のアラブの商人などは魔法の道具として珍重しました．大海原で方位を知ることができるコンパスは，当時の航海士にとって先端技術だったのです．15世紀になると，コンパスや天体の位置関係を把握できるアストロラーブが西ヨーロッパ諸国に普及し，人々の海洋進出が加速され，大航海時代の幕が開きます．

大海原が未知なる領域であった時代に，西ヨーロッパの人々が危険を顧みずに漕ぎ出していった理由の1つに，シルクロードの閉鎖があります．モンゴル帝国によって統治されていたシルクロードは，西ヨーロッパと東アジアを結ぶ東西の交易ルートであり，絹や香辛料の貿易は莫大な利益をもたらしました．しかしモンゴル帝国が衰退し，代わりにオスマン帝国が1453年にビザンツ帝国を滅ぼし，コンスタンチノープルを占領しました．これによってシルクロードが寸断され，

図 5-11 大航海時代の人々
上図：世界を二分するスペインとポルトガル，下図：コロンブスがイザベル
女王に謁見した広場（左），国際法の父と称されるフーゴー・グローティウス
（中），英国海軍所属のジェームズ・クック船長（右）

西ヨーロッパ諸国は，陸路にかわる海路の必要性に迫られたのです．

　大航海時代よりも前に地球儀は存在していました．不確かな情報が描かれた地球儀や，マルコ・ポーロの『東方見聞録』は，西ヨーロッパの野心家を東アジアへと誘いました．当時，海洋先進国であったポルトガルとスペインは，トリデシャス条約によって，世界を二分していました（図5-11上図）．コロンブスは，スペイン王に資金援助を願い出て，日本の黄金やインドの香辛料を目指して出帆し，カリブ海の島々を発見します（図5-11下図左）．マゼランと乗組員が世界一周航海を成し遂げたので，スペインとポルトガルの境界線がもう1つ必要となり，サラゴサ条約が結ばれました．海洋進出の後進国である他のヨーロッパ諸国は，海洋権益の独占に関して異議申し立てをします（図5-11下図中）．その後，西ヨーロッパ諸国を中心に，植民地開発や奴隷の獲得，貿易の振興，さらに探検航海など海洋進出は加速します（図5-11）．

c. 正確な時計の発明が大航海時代を加速する

　大航海時代は，天体観測から緯度を求め，船が進んだと考えられる方位の変化をコンパスから読み取り記録し，それに船速・潮流・風の影響を加味して，現在地点を割り出す推測航法が採用されていました．船速は，糸巻き車に等間隔で結び目（ノット）をつけた細いロープを巻き取ったハンドログ（図5-12）と呼ばれる道具で計測されました．細いロープの先端には，三角形の抵抗板が取りつけてあり，砂時計で時間を計りながらロープの流れた長さを結び目の数で読み取り船速を求めます．

　現在でも船速や飛行機の速度の単位がノットなのは，この結び目に由来します．船速1ノットとは1時間に1海里進む速度を表し，距離1海里は経線上の緯度1分の子午線弧長に相当します．大航海時代初期の推測航法では，正確な位置を割り出すことができず，新たに発見した植民地の位置やそこからの帰路を把握できなかったため，海難事故による人的・金銭的損失が後

図 5-12　大航海時代の航海
東インド会社アムステルダム号のレプリカ（左）と当時の航海道具（右）

を絶ちませんでした.

　そこで，安全な航路を繰り返し利用できるように，経度を正確に求める必要が生じました．この経度測定の問題解決を示したのが，フリースランド（現在のオランダ）の数学者・地図製作者・天文学者であったゲンマ・フリシウスでした．彼は 1530 年に，正確な時計を使うことで経度が求まることを明らかにしました．原理は簡単で，私たちが海外旅行で悩まされる時差の概念です（図 5-13）．太陽時では「正午」を，観測者のいる地点で太陽が真南に昇り，子午線を通過する時刻と定義しています（図 5-10）．これがローカルタイム（現地時間）の基準であり，このとき太陽高度が最も高くなり南中します．そして，地球が自転によって 1 回転し，再び太陽が子午線を通過するまでの所要時間を当時は 24 時間としています．

　太陽時に従うと，愛知県（東経 137 度）で南中を迎えたときのローカルタイムは正午であり，地球の裏側のリオデジャネイロ（西経 43 度）では同日の午前 0 時となります．地球が東向きに 24 時間で 1 回転（360 度）していることから，経度差 15 度で 1 時間ずれる計算になります．つまり，原理的には基準点に対して東側では南中時刻が早く，西側では遅くなります（図 5-13）．ですから太陽時に従えば，知床半島（東経 145 度）と与那国島（東経 123 度）の経度差は 22 度なので，時差が約 1.5 時間も存在することになります．しかし日常生活では日本標準時間という基準があり，国内で時刻が統一されているため，日本の西端に位置する九州・沖縄に対して，東端に位置する北海道の日の出の時間が見かけ上早くなります．

　このように地球上のローカルタイムと経度は 1 対 1 対応しており，2 地点間の時差さえわかれば，移動の経路や所要時間にかかわらず自動的に経度の差が求められます．たとえばロンドンを出航するとき，南中時に時計を 12 時に合わせます．何日間か航行した地点で南中を迎えたとき，時計を見ると 14 時を示していました．その場合，この地

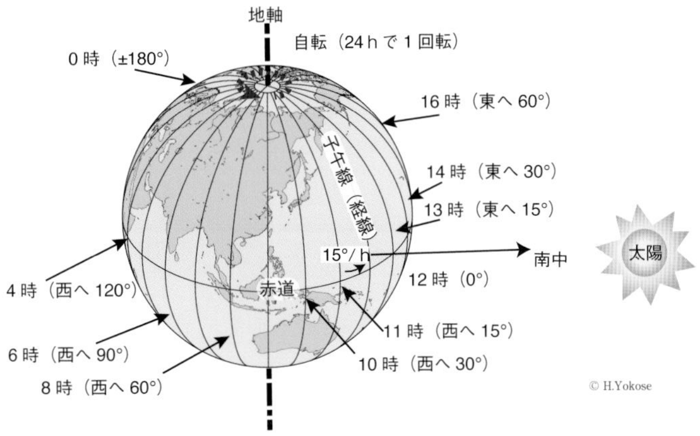

図 5-13　時差と経度の密接な関係

点はロンドンに対して南中時刻が2時間遅れています，すなわち経度差が30度西の位置に船が到着しているとわかります．つまり，海洋交易における安全性を手中に収めるためには，時差と経度のアイデアを実現できる精度の高い時計が必要となったのです．

しかし当時の航海は高温・多湿な環境であった上，荒天時にはかなり揺れたため，当時陸上で使用されていた振り子式時計では，正確に時を計測できませんでした．時差を活用するアイデアの発案から，200年以上経過した1735年に，イギリス・ヨークシャー州の時計職人ジョン・ハリソン（図5-14A）が高精度時計であるクロノメーターH1（図5-14B）をついに完成させました．しかし定められた精度基準には及ばず，賞金2万ポンド（現在の価値換算で4億8千万円）を獲得することはできませんでした．その後，彼はなんとか開発費を工面しながらクロノメーターの精度を高め（H1 → H2 → H3 → H4），1760年には高精度で小型の懐中時計サイズのH4型（図5-14C）へと進化させました．

クロノメーターH4型は，1761年に行われた61日間の航海実験において，誤差が45秒遅れでした．さらに改良を加えたH5型は，5か月間の航海で誤差15秒となり，ハリソンには賞金の一部5000ポンドが支払われました．そして1773年の実験では，1日あたりの誤差が1/14秒という記録を樹立し，80歳のハリソンはついに残りの賞金を獲得することになりました．

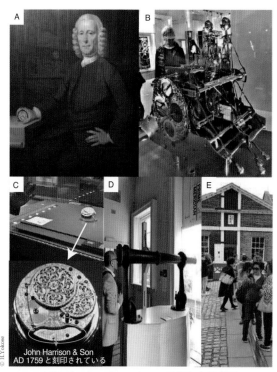

図5-14　クロノメーターの発明と大英帝国
A：ジョン・ハリソン（クロノメーターの発明者），B：クロノメーター1号機（タイプH1），C：懐中時計サイズのクロノメーター4号機（タイプH4），D：かつての子午環観測室．望遠鏡の先を太陽が通過するタイミングを観測．E：子午環観測室を通るかつての本初子午線．

　他国に先駆けて高精度時計を手中に収めたイギリスは，正確な経度を計測でき，大海原を縦横無尽に航海できるようになったのです．たとえば英国海軍のジェームズ・クック船長（図5-11下図右）は，2回目の探検航海（1772～1775年）でクロノメーターH4型の複製品を携帯したおかげで，南太平洋で発見したニュージーランドやオーストラリア東部，南極の島々を正確に海図上に記入できました．現在でも，ニュージーランドやオーストラリアの国旗の左端にユニオンジャック（イギリスの国旗）がデザインされているのはその名残りです．

d. 経度の基準：本初子午線

　海上環境に耐えうる正確な時計が開発されたことで，経線の相対的な位置関係は確定しました．国際化が進む中，国境をまたいだ国際列車の運行など，長距離移動では子午線の統一が急務となりました．

　イギリスは1675年にグリニッジ天文台を建設しましたが，その初代天文台長であったジョン・フラムスティードは，詳細な天体観測に基づいた恒星図を作成しました（フラムスティード天球図譜）．天球図譜がつくられたグリニッジ天文台を基準として，星座の位置関係における世界各地の時間差を観測できれば，その地点の経度が求まるようになりました（図5-14D）．イギリスの世界進出とともに，この天球図譜も全ヨーロッパに浸透し，しだいにグリニッジ天文台を通る子午線（グリニッジ子午線：図5-14E）が航海における世界基準となっていきました．1884年，国際子午線会議がワシントンD.C.で開催され，グリニッジ子午線が国際的な本初子午線に採択されました．この採択によって，当初は22か国が，1886年には日本も，グリニッジ子午線を本初子午線に採用しました．

　グリニッジ子午線（本初子午線）での太陽の南中時刻を基準とした平均太陽時（図5-14D・E）は，グリニッジ平均時（GMT）と呼ばれています．日本では，グリニッジ平均時より9時間進んでいる東経135度の子午線上の時間を，日本標準時（JST）としています．現在では，原子時計によって刻まれる国際原子時（TAI）に準拠した協定世界時（UTC）が使われることも多くなっており，日本は上記の時差があるのでUTC+0900と表されています．古来より時間の基準であった天体運動の周期性は，厳密には一定ではないので，現在ではより正確な時間の尺度としてセシウム原子時計が使われています．

e. 地球の1周が約4万kmと決まった理由

　技術革新によって，人々は未知なる大海原を，自由にとまではいかないまでも比較的安全に航行できるようになり，貿易が発展し物流も様変わりしました．しかし品物の大きさや重さの尺度は不統一で，その国の身体尺（足や頭の大きさな

ど，体の一部分を基準とする尺度）が使われており，国際商取引において混乱が生じていました．

　1789年に絶対王政から脱却し革命が進行中であったフランスでは，万国で共通に使える単位系（メートル法）が科学者を中心に模索され始めました．検討の結果，10進法からなる長さと重さの単位系としてメートル（m）を，1791年にフランス国民議会が定義しました．

　この定義では，地球の北極点から赤道までの子午線弧長の1000万分の1が1mとなりました．つまり，地球1周の長さは，人為的に4万kmと定められたのです．実際に赤道から北極点までの区間を測量したわけではなく，フランス領北部のダンケルクとスペイン領バルセロナの2地点（緯度差約9度）を結ぶルートで正確に三角測量をした後，経度差を加味して1mを決定しました（図5-15）．この2地点は，フランス領内で最長の子午線弧長を得ることができ，かつ海に面していることで選ばれました．1799年に最初の基準となるメートル原器やキログラム原器が白金で作製されました．

　共通尺度としてのメートル法の有用性は他国でも理解されていたものの，自国における既存尺度とのすり合わせが障害となりました．しかし，1875年にイギリスを除くヨーロッパ17か国でメートル条約が締結され，しだいにメートル法がヨーロッパに浸透していきました．日本でも，1951年に施行された計量法によって，メートル法の使用が義務づけられました．

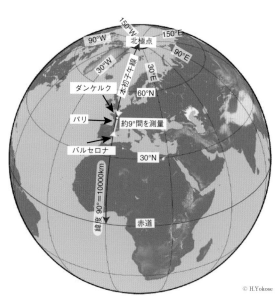

航海では，メートル法制定以前から移動距離を角度で表現していました．もともと地球が尺度となっている，海里（緯度1分の長さ）という距離の単位は，長さを直接計れない洋上では便利です．1海里をメートル法に換算すると，1852mになります．これは，地球の4分の1周（1万km）を5400分（緯度90度）で割った値です．現在でも長距離移動する船舶・航空機は，メートル換算せずに距離を角度で表しています．

© H.Yokose

図5-15　メートル法と緯度測量

f．GPS や GNSS も基本的には時計

　海上における位置決めは，クロス方位法や天測航法（＋クロノメーター）から電波航法やアメリカ合衆国開発の GPS 航法へと進化しました．その後，各国の衛星測位システムも確立し，総称として全球測位衛星システム（GNSS）と呼ばれ，自然条件に左右されずに精密な測位が可能となってきました．

　衛星航法は，人工衛星を発信源として，測位可能領域を地球全体に広げました．GPS 航法を例にして説明をします．地表から約 2 万 km 離れた 6 本の軌道上に，それぞれ 4 個の人工衛星が約 12 時間の周期で周回しており，そこから送信された信号を GPS 受信機で受け取り，位置を決めるシステムです．各人工衛星の軌道上の位置は地上局から精密に観測されており，正確な時間さえわかれば，人工衛星を既知の固定点として扱うことができます．そして，固定点から受信機までの距離を使って，幾何学的に自分の位置を導き出します．

　人工衛星には，それぞれ正確に同期されたセシウム原子時計（1 秒を約 100 億回の振動で刻み，1 万〜10 万年に 1 秒程度の誤差）が搭載されており，常に時報を電波に乗せて発信しています．ここで，人工衛星と受信機の二点間の距離は，着信と着信における伝搬遅延時間を正確に測ることで求まります．たとえば 2 万 km 上空にいる人工衛星から発信された電波信号（ほぼ光速の約 30 万 km/s）は，直下の GPS 受信機に約 0.067 秒後に届きます．すなわち，各人工衛星の伝搬遅延時間に光速をかけることで，距離が求まります．

　地球中心を原点とする座標系を考え，ある人工衛星の位置を (X, Y, Z)，GPS 受信機の位置を (x, y, z) とし，それぞれの時計の時刻を T および t とすると，球面の方程式から半径 (r) は以下のように表せます．

$$r^2 = (X - x)^2 + (Y - y)^2 + (Z - z)^2$$

合わせて，先ほどの距離についての関係から，

$$r = c \times (t - T)$$

となります．

　しかし，きわめて速いスピードの人工衛星の原子時計は，地球の時計に比べゆっくりと進むため，遅延時間の計算には相対性理論で予測されている相対速度の差と重力場の誤差の補正が必要な，いわばタイムマシンなのです．

　さらに，人工衛星に搭載されている原子時計と比べ GPS 受信機の時計は不正確なので，時刻 t を未知数 t' とすると，位置を知るために求めたい未知数は三次元の位置 (x, y, z) と時間 (t') の 4 つとなります．したがって，先に挙げた方程式に 4 個の人工衛星のデータを代入できれば，現在の位置が割り出せることになります．

　地球上の平坦な場所ならば，通常は同時に 5〜8 個の人工衛星から電波を受信

できる配置になっています．なお，GPSにおける地球の原点座標は，世界測地系1984（WGS84）を基準としています．

　現在，私たちはGPSやGNSSの発達によって，船舶・航空機から1台の携帯電話に至るまで，手軽に正確な位置情報を入手できるようになりました．位置決定の歴史を眺めると，メソポタミアの時代から大航海時代を経て，ジョン・ハリソンの時代から現代にいたるまで，一貫して空間と時間の対応関係で位置を決めていることがわかります．

5.3　暗黒の海底を調べる

　海の透明度を内湾の鹿児島湾奥地の海域（海底水深200 m）と外洋域である屋久島東方沖の太平洋上（水深1160 m）で透明度板を使って調べてみると，それぞれ6 mと30 mでした．このように内湾および外洋のどちらでも，私たちはある程度より深い海底を直接肉眼で見ることはできません．ここでは，見ることのできない海底の調べ方を解説します．

a. 音を使って深海底を理解する

　船を接岸させるためには危険な浅瀬を航行する必要があり，座礁しないように深さを計りながら岸辺に近づきます．20世紀までは，このような海底までの測深は主に座礁回避が主目的であり，最も原始的な方法が錘測です．錘測とは，ロープ（あるいはワイヤー）の先に錘（測深錘）をつけた道具を船首や舷側からたらして深さを調べることです．測深錘を海底にたらしていくと，錘が海底に到着した時点でロープが緩みます．その到達点を海底とみなしそのときのロープの長さが水深となります．

　水深を表すには，メートル以外に，アメリカ合衆国ではファゾム（約1.8 m），日本では尋（約1.8 m）という単位が今でもしばしば使われます．これらの単位はどちらも身体尺であり，両腕を大きく広げた端から端までの長さを表します．両腕を大きく広げて，1回，2回，…と測深錘を巻き取る様子が目に浮かびます．

　港など比較的船の出入りが盛んなところでは詳細に測深が行われ，海底の状態が併記された海図が古くから使われています．海図は，船舶が安全に航行できる道としての水路を示してくれます．海には干満の差があるため，特に浅海域では水深が時間によって大きく変化します．そのため海図では，水面を最高水面（略最高高潮面），平均水面，最低水面（略最低低潮面）に分けています．

　平均水面とは，験潮所による長年の観測結果から得られた平均的な水面であり，潮汐がないと仮定したときの高さの基準点です．最低水面は，潮汐を左右す

る主要な 4 要素の周期（4 分潮）によって，最も海面が下がったときの潮位を表し，通常では，これ以上潮が引かない領域を示します．

　最高水面は，平均水面から最低水面を引いた高さ分を，平均水面に加えた値です．海図上における水深とは，このうち最低水面からの深さを指します．これは，座礁の危険を避けるための表記法です．船舶の航行に支障をきたす浅海の暗礁（干出岩：水面上に露出する岩，洗岩：水面とほぼ同じ高さの岩，暗岩：水面に露出しない岩）も，最低水面を基準にしています．海図と違って，一般的な日本の地図では海抜 0m を東京湾平均海面（T.P.）とし，全国の標高基準としています．

　平均水面の位置は場所によって異なるため，東京湾平均海面と他の場所の平均海面は一致しません．そのため，最低水面は T.P. 下として表記されます．船舶の座礁回避が目的ならば，喫水＋α程度の水深を計ればよいので，錘測は簡単に実施できます．

　19 世紀半ばごろになると，浅海のみならず深海底の領域にも，測深の必要性が生じてきました．それは，大航海時代を経て，アメリカ大陸に穀倉地帯が広がったことに端を発します．アメリカ大陸における農作物の作柄がヨーロッパ市場を大きく左右するようになり，一刻も早い情報収集を必要とする人々が増えました．そのような事情と前後して，有線電信技術が発明・発展を遂げ，大西洋をまたいだ海底ケーブルの敷設計画がアメリカ合衆国とイギリスの間で持ち上がったのです．

　当時，沿岸周辺を除く深海域の海底形状はまったくわかっておらず，一般的には，中心が少し窪んだ洗面器のような形だと考えられていました．大西洋を横断する長大な海底ケーブルを効率よく敷設するためには，比較的平坦な海底を選択する必要があり，海底地形調査は必須事項となりました．

　測深錘を使った深い海域の索測深は，簡単ではありませんでした．水深が深くなるにつれて錘に対するロープ（ワイヤー）自重の割合が大きくなるため，錘の海底到着（着底）を正確に判別するためには錘を大きくする必要が生じました．そのため大型ウインチによる錘の上げ下げが必要となり，一回の索測深で 24 時間以上かかることもあったようです．索測深が長時間に及ぶと，潮流の影響で錘や船自体が流され，データが不確かとなります．

　それでも調査が進むにつれて，当初に予想された洗面器型とは異なることがわかってきました．北大西洋のイギリス西南西沖では周囲より 2000m 近く隆起した部分が発見され，後に「電信の丘」と名づけられました．この隆起部分に関して，1854 年の米国海軍マシュー・フォンテーン・モーリーが実施した北大西洋海域における測量調査や，近代海洋学調査の始まりとされるイギリスの海洋調

図 5-16　HMS チャレンジャー号
（W.F.Mitchell，1881 年作）

査船 HMS チャレンジャー号（図 5-16）による調査航海（1872 〜 1876 年）が行われています．モーリーらは北大西洋で 200 地点を測量するに留まりました．また，HMS チャレンジャー号による 4 年間の航海で索測深できたのは，全世界で合わせて 492 箇所でした．当時，大西洋海底中央部の隆起が発見されたものの，索測深による測量ではデータ不足のため，海底地形の検証からは程遠かったのです．

　20 世紀に入って，音波を使った測量技術（ソナーシステム，SONAR）が開発され，深海底測量の新時代が始まりました．音波は光などの電磁波と異なり，海水によるエネルギー吸収が少なく，遠くまで到達できます．ソナーによる測量原理はやまびこと同じで，音を水中に発射して，エコー（反響音）から障害物までの距離と方向を割り出します．音速は海水中では約 1500 m/s を超えるので，3 km 先の障害物なら 4 秒でエコーが返ってきます．イルカやクジラは，生まれながらにしてこの反響定位（エコーロケーション）を身につけています．

　ソナーシステムの開発には，タイタニック号の沈没も 1 つの要因となったのです．1912 年 4 月 10 日，イギリス南部のサウサンプトンからニューヨークに向け出航した処女航海のタイタニック号は，4 日後の深夜にカナダ沖の北大西洋上で氷山と接触し沈没しました．乗員乗客合わせて約 1500 人が亡くなった，当時としては世界最悪の海難事故で，イギリスのみならず多くの国々から犠牲者が出ました．

　氷山は，浮力の関係で海面下に大きな塊が潜んでいます．この巨大な障害物を早期に発見して，悲劇を繰り返さないようにする必要性が生じました．さらに，1914 〜 1918 年に勃発した第一次世界大戦では，ドイツ軍が潜水艦を他国に先駆けて実戦配備したため，ソナー（あるいは ASDIC）開発に拍車がかかりました．ソナーシステムの測深への応用は簡単で，音波を船底から真下の海底に向けて発射するだけです．発射後，海底からエコーが聞こえるまでの往復時間を半分にして，水中における音速をかければ，海底までの距離が求まります．たとえば，音波発射の 4 秒後にエコーを検知したならば，その地点は水深 3000 m となります．索測深では 1 日がかりだった水深も，音響測深なら数秒で測量が完了します．

　開発間もない音響測深機を搭載したメテオール号を使って，第一次世界大戦で敗北したドイツは大規模な海洋調査を大西洋で繰り広げ，戦争の賠償金の支払いにあてようと，海から金の抽出をノーベル賞学者のフリッツ・ハーバーが計画しました．計画自体は失敗したものの，メテオール号の調査によって，これまでと

は質・量ともに桁外れの測深データが大西洋で取得されました．単なる隆起部と考えられていた「電信の丘」も，実は南北大西洋の中央部に連続する海底大山脈であることが明らかとなり，大西洋中央海嶺と呼ばれるようになりました．

第二次世界大戦以降には，多くの国々で音響測深技術が活用されるようになりました．大西洋だけではなく世界中の海底に関する情報が少しずつ増え，深海底の全体像が見え始めていき，海洋底拡大説からプレートテクトニクスへ，そしてプルームテクトニクスへと結実することになります（第1章参照）．

ならば，海底の全貌がすでに明らかになっているかというと案外そうでもなく，精度の高い音響測深技術を使って全海底の精密地形図をつくろうとしても，21世紀の技術水準ですら，あと100年くらいはかかると考えられています．

b. 様々な測深技術

沿岸域での錘測以外で，現在活用されている主な測深技術には，音響測深技術，レーザー測深技術，そして人工衛星による測深技術があります．音響測深に用いる機器としては，シングルビーム測深機，マルチビーム測深機，インターフェロメトリー測深機などがあります．

シングルビーム測深機は，船底に設置された発信機から単一の音源として音波（シングルビーム）を海底に向けて発信し，そのエコーを記録するシステムで，航跡に沿った海底地形の断面を観察できます．

マルチビーム測深機は，船底に設置された複数の音源を使って，指向角が舷側方向に広く，前後方向に狭い音波を多数作製し海底に発信（マルチビーム）するシステムです．この測深システムはきわめて幅の狭いシングルビームを海底の複数箇所に当てたのと同じ効果が得られます．また，反射してくるエコーに対しても複数の水中マイクの配列を用いて限られた領域からのシグナルを記録します．測深データは航跡に対してスワス幅をもった二次元的な測点群となり，測量と同時に海底地形の立体的イメージを取得できます．

インターフェロメトリー測深機は前二者とは異なり，発信からエコー到達までの時間差を記録するのではなく，位相差を使って水深に変換する方式です．単一の音源から発射された音波を，角度の異なる複数の受信機で位相差を検出し，シグナルの往復時間を計算によって求めます．スワス幅は広く，数値的に解析される測深点群は，1回の発信で数千点に及びます．

レーザー測深技術は，航空機を使って浅海域の水深を計測する方法です．高度500 m程度を飛行する航空機からレーザーを海面に照射し，反射までの往復時間を計測します．測量には赤外線領域のレーザーと緑色のレーザーの2種類が使われています．前者は，海面からの飛行高度を計測し，後者は海底面からの飛行高

度を計測します．つまり，両者の差を使って水深を求めます．

最後は，人工衛星を使った測深です．海水は電磁波を効率よく吸収するため，人工衛星で直接深海底を調べることはできません．しかし，マイクロ波を海面に照射して，反射して戻ってくるまでの往復時間を使って，海面高度を周回軌道上から正確に計測できます．この海面高度から水深を割り出す方法は，人工衛星アルチメトリと呼ばれています．海面高度は，本来，風，潮汐，気圧，海流などの変化がなければ，重力的に等しい位置（ジオイド）を示します．海底地形の凹凸は，微細な重力の違いを反映するので，海面高度の違いとして現れます．

たとえば，深海平原に独立に存在している比高 2000 m 程度の海山であれば，直径 40 km ほどの範囲において，海面高度にして 2 m 程度の差が現れます．海面高度の異常を詳細に調べ，音響測深機によって得られた正しい水深データや海底を構成する物質の密度などを加味することで，海底地形に近い状態が推定されています．この方法で得られたデータに基づいて可視化された海底地形図は，私たちが日頃閲覧している Google Earth などに用いられています．

しかし，この方法によって得られた海底地形はあくまでも推定されたものにすぎない上，空間分解能は他の方法に比べ 2 桁程度悪くなります．そのため，人工衛星アルチメトリで調査が終了している海域であっても，実際に音響測深することで，硫黄島近海の風神海山や雷神海山のように，直径 20 km，比高 1600 m 級の大型海山が新たに発見され続けています．

c. 水の惑星としての大洋は 1 つ

海に関して大洋といった場合，大陸によって囲まれる地域として，太平洋，大西洋，インド洋，北極海の 4 つが挙げられることが多いです．また「7 つの海」といった場合は，太平洋と大西洋をそれぞれ赤道で二分して，北太平洋および南太平洋，北大西洋と南大西洋とし，南極海を加えると 7 つになります．

ただし，大洋の境界線をどこに決めるかによって領海問題が発生してしまうため，この「7 つの海」は地図上に表示されないこともしばしばです．たとえば南極海は，領土問題における境界線の定義を巡って，オーストラリアが IHO（国際水路機関）に抗議しています．一方，イギリス系の地図では，同海域がインド洋・太平洋・大西洋の南方延長部として表現されています．北極海も同様の問題があり，しばしば大西洋の北方延長部に組み込まれており，国によっては世界の大洋は 3 つとされている場合もあります．

さて，4 大洋に分類された海洋地域をさらに詳しく見てみると，太平洋は 181 × 10^6 km²（平均水深 3940 m），大西洋は 94 × 10^6 km²（平均水深 3575 m），インド洋は 74 × 10^6 km²（平均水深 3840 m），そして北極海は 12 × 10^6 km²（平均水

深 1117 m）であり，太平洋が圧倒的な面積を占めています．

　人々が世界規模で海を活用するようになった大航海時代以降，ヨーロッパ諸国間では植民地の奪い合いが始まりました．そのような状況下で，海洋進出に関して後発国であったオランダの法学者，フーゴー・グローティウス（図 5-11 下図中）が 1609 年に『自由海論』を著し，すべての国々は自然法によって海を自由に使用することが許されており，誰も領有することができないと主張しました．この考え方は公海の概念に受け継がれ，現在の国連海洋法条約の基礎となりました．

　18 世紀の初めになって，領土を海に延長した領海の考え方が一般に受け入れられるようになり，1945 年までは海岸から砲弾が届く範囲の 3 海里が領海として設定されていました．第二次世界大戦以降，大陸棚において，物理的および生物的海底資源の開発が相次ぎ，3 海里では自国の権利を守れないと主張する国が出始めました．1945 年，アメリカ合衆国大統領のハリー・トルーマンは，大陸棚は沿岸国の主権が及ぶ範囲であると宣言しました．大陸棚資源を保護し自国の権利を守るために，多くの国々も追従して宣言を出しました．

　1958 年に国連は，領海及び接続水域に関する条約（領海条約），公海に関する条約（公海条約），漁業及び公海の生物資源の保存に関する条約，大陸棚に関する条約（大陸棚条約）の 4 条約を採択しました．その後，これら 4 条約の一本化を目指して，国連海洋法条約の策定を精力的に進めました．1982 年に協定を締結するべく加盟国の投票を実施し，17 か国が棄権，日本を含む 130 か国が賛成，そしてアメリカ合衆国，トルコ，ベネズエラ，イスラエルの 4 か国が反対という結果になりました．1988 年までには，140 以上の国が条約のすべてあるいは一部分を批准しましたが，批准国の事情に応じて条項を選択できたため，海の法としては拘束力に限界があるのも事実です．

　1994 年に国連海洋法条約は発効され，現在では「海の憲法」とも呼ばれています．この条約では，海洋に関する広い内容が包括的に規定されており（本文 17 部 320 条，附属書 9），基線（領海基線）から 12 海里の範囲が領海，同じく 24 海里までが接続水域，そして 200 海里までが排他的経済水域（EEZ）と決まりました．法的な大陸棚と排他的経済水域の範囲は，原則として基線から 200 海里で同じです．しかしながら，地理的な条件によっては条約規定に従い，200 海里以上に延長することが認められています．日本でも，四国海盆海域や小笠原海台海域などが延長大陸棚として国際的に認められています．

　日本の排他的経済水域（含領海＋含接続水域）は 447 万 km² となり，これに延長大陸棚の面積 18 万 km² が加わり，面積的には日本領土（38 万 km²）の約 12 倍に達します．日本の排他的経済水域の世界における面積順位では，計算方法の違いにより 6 番とも 8 番ともいわれています．この広大な面積を支えている

のが，沖大東島，沖ノ鳥島，南硫黄島や南鳥島といった離島群です（図 5-17）.

　離島の存在がいかに重要かを計算で示したいと思います．仮に，陸続きの海岸が 1 m 伸びたとしましょう．それによって得られる EEZ の面積は，0.001 km × 370 km（200 海里）= 0.37 km^2 と計算されます．一方，周りを海に囲まれた公海上の島ならば，直径 1 m の島であったとしても，370 km × 370 km × π = 429866 km^2 が EEZ の面積となります（類似例，図 5-17 における南鳥島参照）. このように，離島の存在意義は大きく，しばしば国際問題に発展するので，私たちはきちんと理解しておく必要があります.

　領海，接続水域，排他的経済水域の運用方法は，国連海洋法条約に従った国内法で細かく規定されています．領海は，領土や領空といった表現と同じように，その海に接している沿岸国の権力（主権）が及ぶ範囲となり，外国船でも国内法の適用を受けます．接続水域は領海のもつ国家権限を限定的に発動できる海域であり，通関，財政，出入国管理および衛生に関する法令に違反する恐れのある場合は，行為を防止または処罰することができます．また，領海内で罪を犯した犯罪者を追跡し公務の執行およびこれを妨げる行為に関して法令を適用できる範囲として設定されています.

　排他的経済水域には，海域だけでなくその海底および地下の部分も含まれます．①天然資源開発（水産資源や鉱物資源など）における主権的権利，②人工島，設備，構築物の設置および利用に関する管轄権，③海洋科学的調査に関する管轄権，④海洋環境の保護および保全に関する管轄権が主に認められている権利です.

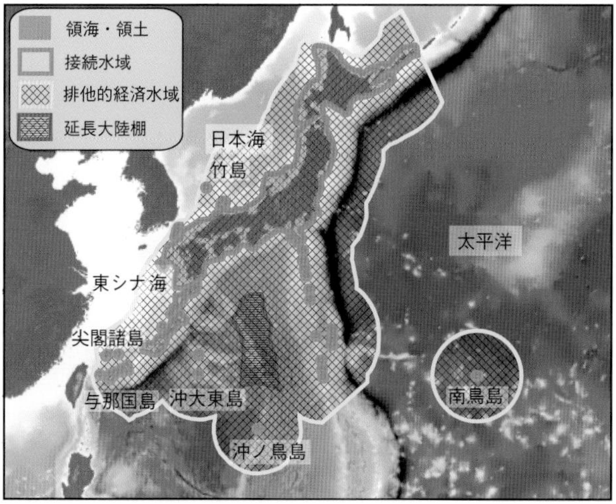

　公海は，いずれの国の領海・接続水域・排他的経済水域にも属さない海域で，航行の自由，漁獲の自由，海底構造物の自由，海洋科学調査の自由が認められています．しかし，これらの自由を供与するためには，他国の利益に対して合理的な配慮をす

図 5-17　日本の領海・接続水域・排他的経済水域・延長大陸棚海域（海上保安庁のホームページから作成）

る必要性も同時に定められています. また, 公海の海底部分にあたる深海底も人類共有の財産であり, 沿岸国の主権的権利は及びません.

この条約によって, 世界の海の40%が排他的経済水域となり, 残り60%が人類共有の資源と位置づけられました. 近代的な測位システムや測深技術の発達に伴って, これまで何の目印もなかった外洋地域に様々な線引きが可能となりました. それを受けて, 現在では領海・接続水域・排他的経済水域・延長大陸棚といった区画が各国間の調整によって設けられています.

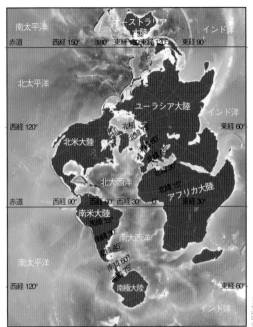

図 5-18　世界の海は繋がっている

無限に広がる大海原といった印象は過去のものとなり, 現代は細かく区画整理された有限の空間であるという認識の方が的確かもしれません. 確かに, 書類の上で海洋が区分されたとしても, 一方では, 一続きの海としての"One Planet, One Ocean"という概念が世界では浸透し始めています. 普段私たちが見慣れている世界地図は, メルカトール図法 (長方形) やモルデワイ図法 (楕円形) で描かれており, 大洋が大陸によって隔てられているように錯覚します. しかし, あまり馴染みのない横メルカトール図法 (図5-18) やスピルハウス投影法で描かれた世界地図は, 地球の大洋が一続きであることを明示してくれます. これは世界地図の表現における些細な違いではなく, 世界のどこかで起きた出来事が, 海を介して世界中にその影響が拡散することを印象付けます. そして, 海洋は一体との概念のもと国際協力を続け, 海洋の永続的な利用と保全に努めることがいかに大切であるかを人類に再認識させてくれます.

第 **6** 章

水の惑星の現状と課題

- ● 海岸の人口密集地帯と災害（台風，高潮，津波）
- ● 人類を脅かす廃棄物（CO_2，太平洋ゴミベルト，海洋汚染）
- ● 水産資源の枯渇（商業的絶滅，最大持続生産量）
- ● 海底鉱物資源の実用化は難しい（海底資源問題）
- ● 人口増加と環境破壊のリンク（絶滅危惧種，人口爆発）
- ● 水の惑星の未来を守る（共有地の悲劇，惑星限界）

. . . .

海に面した海岸や低地は，災害を受けやすい地域です．特に，台風，洪水，高潮，津波は，甚大な被害をもたらします．地球温暖化は災害発生頻度に大きく影響します．また，海岸周辺の人口密集地を中心に，これまで陸域から排出された汚染物質（CO_2，廃棄物，化学物質など）が海洋や大気に膨大に蓄積されています．水の惑星の海や大気はひと続きなので，地球上のどこで排出されたものでも世界中に拡散し続けます．そして，汚染物質の影響は陸上で生活する私たちに襲いかかります．私たちにとって共有地である宇宙船"水の惑星"号が健全な環境を維持し続けるために，何をなすべきかの決断を迫られています．環境変化による自然淘汰において，私たち人類も例外ではありません．

6.1 海と自然災害

自然災害は，人類にはどうすることもできない存在でした．それどころか，人類の産業活動の増加によって，逆に自然災害を誘発しているかもしれません．そのような状況下で，以前なら自然災害を憂慮して開発しなかった地域にまで人類進出が及んでいます．特に海岸や低地には，世界人口のおよそ50％が集中しています．日本でも，関東，近畿，中京，福岡・北九州などの大都市圏が海岸や低地にあり，洪水，高潮，津波，台風で被災する危険性が増しています．

a. 台風・ハリケーン・サイクロンと海洋の関係

　夏から秋にかけて日本にやってくる台風は，熱帯収束帯の近傍で発生した熱帯低気圧が北上しながらその勢力を発達させたものです．その熱帯低気圧はコリオリの効果を使って，たくさんの湿った暖かい空気を周囲から効率よく吸い込み，勢力を増します．そして，「赤道よりも北で，東経180度よりも西側の北太平洋あるいは南シナ海に存在する，熱帯低気圧内の最大風速が34ノット以上」に達すると，定義上台風と認定されます．南の海上で発生した台風は，北上して日本に上陸したり，あるいは西に流されてユーラシア大陸を横断したりします．

　様々な経路をたどっているように見える台風ですが，規則性があります．低緯度地域を進行しているときは，貿易風によって西に流されながら北西方向に向かい，その後亜熱帯高圧帯周辺では北に向かいます．さらに北上すると，偏西風によって東に流されます．すべてというわけではありませんが，多くの台風は北上するにつれて卓越風に流されて大きなカーブを描いて進みます．

　日本の台風と同じような気象現象は世界中で発生しており，発生場所に応じて呼び方が変わり，南半球やインド洋での発生ならサイクロン，北大西洋の西側や北太平洋の東側の発生ならハリケーン，といった具合です．台風と同様に，これらも多くは高緯度に進むにつれて，貿易風と偏西風によって流され，カーブを描きながら進行します（図6-1下図）．これらの"台風"は，亜熱帯高圧帯に発生する高気圧の縁に沿って進行します．

　台風のエネルギー源は，周囲から供給される多量の水蒸気です．水蒸気の潜熱をエネルギー源にして，上昇気流を維持します．さらに，コリオリの効果によって生み出された巨大な渦が，下層から高層に向かう気流を活性化します．逆に，冷たい海域に到達したり，上陸したりすると台風のエネルギー源である水蒸気の供給が絶たれます．その上，陸域との渦摩擦が増加すると急速に勢力が衰え，通常の低気圧に変化します．日本付近では，海水温が下がる上，北からの乾いた冷たい極偏東風が吹き込むため，上昇気流が衰退し温帯低気圧や熱帯低気圧に変貌します．

　台風を含めたサイクロンやハリケーンは，いずれも高海水温域（海水温が約27～29℃）で発生します（図6-1上図）．これらの高海水温域は，赤道周辺を除く，亜熱帯循環（南北太平洋・南部インド洋・北大西洋）の西側や赤道反流の東側（メキシコ東岸）に集中します．海流によって大洋の西側に集められた高温の海水に大気の渦をつくり出すコリオリの効果が合わさって，"台風"が発生しているとみなせます．

　北半球で熱帯低気圧が多発するのは，太陽放射が極大となる6月下旬ではなく，表層海水温が最高に達する8～9月です．このタイムラグの原因の1つは，

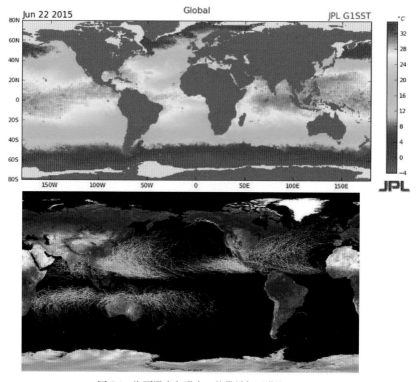

図 6-1　海面温度と過去の熱帯低気圧進路
上図：2015 年 6 月 22 日（夏至）の表層海面温度（出典：http://ourocean.
jpl.nasa.gov/SST/）. 下図：1985 年～ 2005 年までに発生した熱帯低気圧の
軌跡編纂図（Public domain：Global_tropical_cyclone_tracks-edit2.jpg）

海流です. 高緯度地域で冷却された比熱の大きな海水は, 加熱に長時間を必要と
するため海流の西側が東側よりも高温になります. ただし赤道反流が影響する所
では, 西側の高温海水が逆に東側に集められます. このようにして, 夏至よりも
少し遅れた 8 ～ 9 月の海域に台風が多発することになるのです.

　近年の地球温暖化は, 表面海水温を上昇させるため, 台風の発生頻度や規模の
拡大が懸念されています. 台風は社会生活にとっては厄介者ですが, 地球の熱収
支上, 過熱状態にある海洋を水蒸気の潜熱を使って高層大気で冷却する, 優れた
熱交換システムでもあるのです. つまり, 海洋は大量の水蒸気の放出を介して,
地球内の熱収支バランスを維持する巨大な打ち水と言えるかもしれません.

b. 高潮災害の真犯人

2005 年に発生したハリケーン・カトリーナは, メキシコ湾で勢力を増した上

で北米大陸に上陸し，ミシシッピー川流域のルイジアナ州やミシシッピー州などで甚大な被害をもたらしました．この災害で，ルイジアナ州のニューオリンズでは，高潮は4m以上に達し，80％が浸水したと報告されています．

日本では，2018年に近畿地方を襲った台風21号の高潮被害があります．この高潮被害で，大阪南港や兵庫県芦屋では，6mの高さ（マンションの2階程度）まで海面が上昇したと伝えられています．この被害では，関西国際空港が完全復旧するまでに半年以上の期間を要しました．

海岸周辺の人口密集地の中には，堤防で囲まれた海面下の低地があります．台風の接近に伴って高潮が発生すれば，防波堤を超えて海水がなだれ込みます．そうなると津波や洪水のような状況が突然住民を襲います．

高潮被害をもたらす海面上昇の主要因として，①エクマン輸送（第2章）や②風浪の形成が挙げられます．また，台風自身が低気圧であるため，周囲より減圧された海面に③吸い上げ効果が発生します．また，海面自体も潮汐によって上下するため，④大潮のときが最も危険なタイミングとなります．

①に関しては，海水は風によってエクマン輸送されるので，北半球の場合は風向きに対して右側に流れ出します．台風は，反時計回りに強い風が巻いているため，台風の目から外側に向かって海水は押し出されます．海水が自由に拡散できる外洋では海面高度の上昇は限定的となります．しかし，海水が押し出された先に陸地や堤防がある場合は，海水がしだいにかき集められ，海面が上昇します．風浪の形成において台風の風は大きく影響し，沖合からうねりを発生させながら海岸に近づいてきます．

エクマン輸送や風浪の形成において，風向き，風の強さ，そして吹送距離が大きく影響します．ここで，台風が外洋から直線的に海岸に近づく場合を考えてみましょう．台風の進行方向前面部は，中心が通過するまでは風向きが一定となり，風自体もしだいに強くなります．そして，台風の進路が変更しない区間が吹送距離です．つまり，外洋から真っ直ぐ上陸する台風は，高潮の危険性が最大となります．そして集められた海水は，津波の到達標高と同様に海岸の地形的要素によって，さらに増幅される場合もあります．

アメリカ海洋大気庁による解説では，高潮の海面上昇の要因として，低気圧の通過に伴う減圧効果が全体の5％程度で，吹き寄せ効果を主体としたその他の効果が残りの95％とされています（図6-2）．日本の気象庁でも，低気圧の通過に伴う海面の上昇効果は1hPaあたり1cm程度と記載されています．つまり，高潮の規模を予測するためには，外洋から接近する台風の進路方向を早期に把握することが大切となります．

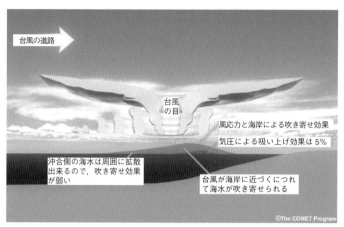

図 6-2 ハリケーン由来の高潮における吹き寄せ効果と吸い上げ効果の割合（https://www.nhc.noaa.gov/surge/images/surgebulge_COMET.jpg より作成）

c. 地震による津波災害

2011 年 3 月 11 日, 仙台市の東方沖 70 km の海底を震源とする最大マグニチュード 9 の東北地方太平洋沖地震が起こりました. この地震に引き続き発生した津波は, 東北地方や関東地方の太平洋側の広い範囲に甚大な被害をもたらしました. 津波の波高は 10 m 以上に達し, 内陸部への到達標高（遡上高）も 40 m を超えました. 震災による死者・行方不明者は 18000 人以上に達する大惨事となりました（図 6-3）. またこの津波は海岸で稼働していた原子力発電所を襲い（遡上高 14 ～ 15 m）ました. 電源供給の絶たれた 3 基の原子炉では, 炉心のメルトダウンが発生し, 周辺地域（含む海域）に放射能汚染が広がりました.

東日本大震災の 7 年前の 2004 年 12 月 26 日には, スマトラ島北部のバンダ・アチェの南南東沖 250 km で最大マグニチュード 9.1 のスマトラ沖地震が発生しました. これも海底地震であり, 波高 10 m に達する津波を数回にわたって発生させ, インド洋周辺の国々が被害をこうむりました. 被災者は 22 万 7000 人近くに上り, 有史以来, 最悪の自然災害となりました.

1990 年以降, 世界では 12 の巨大津波が発生しており, 2 年に 1 度のペースといえます. 日本を含めて, いずれの津波も沈み込み帯地域で発生しています. 沈み込み帯では 2 枚のプレートがぶつかり合っており, プレート境界や地殻内に蓄えられた歪みが開放されるときに地震が発生します.

一見, 地震と津波は不可分の関係に見えますが, 地震が起これば毎回津波が発生するわけではありません. 地震に伴って海底地形が大規模に変形（断層運動）し, 海面が広範囲にわたって持ち上げられたり引き下げられたりした場合に津波が発生します. この海水を上下させる力が, 津波の摂動力となります（第 2 章参照）. スマトラ沖地震の場合, 断層運動によって海底面が 10 m 持ち上げられ, 波長 200 km の津波が形成されました.

図 6-3　津波発生メカニズムと注意点
A：地震により海底面の地形が変化し，波長の長い波が形成される．B：
ジェット機並みの速度で海岸に押し寄せる．C：東日本大震災の津波によっ
て気仙沼港から内陸部へ 750 m 運ばれた，全長 60 m の大型漁船（第十八
共徳丸　330 t）．気仙沼東部の町並みは，壊滅的な打撃を受けた．D：映
画など誇張された正しくない津波表現．E：ニュース映像で見る実際の正
しい津波表現（砕け寄せ波）．

　津波は波長の長い浅海波なので，波の速度 = $3.1\sqrt{d}$ と表せます．この式に平均
水深 4000 m を代入すると，太平洋を横断する津波速度 (C) は 196 m/s と計算
されます．つまり，日本で発生した大津波は 3 時間後にフィリピン，5 時間後に
ニューギニア，そして 9 時間後にはメキシコやニュージーランドに到達します．
　海岸に到達した津波は，波高が低くて波長の長い波に特有な砕け寄せ波（図
2-9）となって海岸を遡上します．陸に上がった海水は，その後引き波となって
海に戻っていきます（図 6-3）．津波によってもたらされた大量の海水は膨大なエ
ネルギーをもっているため，陸上の構造物を破壊し，海へと持ち去ります．
　東日本大震災の場合は，海水の性質や天候条件が被災者を拡大させました．津
波発生当時，東北地方の表面海水温は 7℃前後で，最高気温 6.2℃，最低気温－
2.5℃という状況でした．水温 7℃前後の海水に入水すると体温が急激に奪われ，

偶発的低体温症に陥ります．運よく海水から脱出できたとしても，救助ルートも確保できない瓦礫の山では，暖をとることもできません．実際，このような状況下で，夜を迎えた被災者の中には命を落とされた方も少なくありません．

津波のイメージを映画などでは，巻き波砕波型（図2-9）の巨大波を誇張して表現しています．しかし，東日本大震災やスマトラ沖津波の実際のニュース映像を見ても，巻き波砕波型の巨大波は発生していません．波形の誤認における防災上の問題点は，津波を映画のような巨大な水の壁としてイメージさせてしまうことです．つまり，津波を遠くから視認可能という誤解を人々に植え付けてしまうのです．この現実と空想との隔たりが，実際の危険性の判断に遅れを生じさせ，被災者を増加させる危険性があります．ですから，津波の恐怖は視認不能と考えて，早めの避難を徹底しましょう．

d. 山体崩壊による津波

巨大な津波は，海洋島など海岸近くの火山活動やそれに引き続く山体崩壊によっても発生します．日本における火山性津波災害の例としては，1792年の雲仙岳東方の眉山崩壊に伴って有明海で発生した津波があり，死者・行方不明者は合わせて1万5000人に達しています．眉山の対岸にあたる熊本県側での津波の遡上高は，三角町大田尾で22.5mに達しました．ほかにも，北海道南部の渡島大島火山で発生した1741年の噴火では，大規模な山体崩壊によって津波（3m）が発生し，松前で死者2033人を出しました．海外では，1883年にインドネシアのクラカタウ火山の大噴火とそれに伴う津波によって，周囲の島々が洗い流され，死者3万6417人に上る大災害となりました．

さらに，地質時代にはより巨大な海底地滑りがあったことが報告されており，それと同時に巨大津波も発生したと考えられています．ハワイ諸島では30万年に1回の割合で巨大地滑りが発生しており，オアフ島東部のヌーアヌ地滑りで

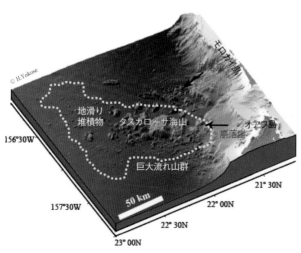

図6-4　ハワイ・オアフ島北東部の巨大海底地すべり

は，3000 km^3 にも及ぶ山体崩壊堆積物が深海底に広がっています（図6-4）．崩壊前のオアフ島復元地形からのモデル計算では，南部カリフォルニアで津波高が70 m にも達したと推定されています．

e. 隕石衝突に伴う津波災害

6550万年前のメキシコ・ユカタン半島に，直径約10 km の小惑星が衝突したことで，恐竜を含む大型爬虫類やその他の生物が大量絶滅したと考えられています．そのとき，地表には直径160 km のクレーターが形成され，同時に波高約300 m に達する津波が発生したと推定されています．

大規模な小惑星の衝突は，巨大津波を形成するとともに，大きく地球環境を変貌させることから人類にとっての脅威と考えられています．『アルマゲドン』や『ディープ・インパクト』のような SF 映画ばかりではなく，地球近傍天体の観測や発見が「スペースガード計画」のもと世界中で実施されています．1992年アメリカ合衆国議会は，NASA に10年以内に，直径1 km 以上の地球近傍小惑星を90%把握することを命じました．1994年には，シューメーカー・レヴィ第九彗星が木星大気に衝突するところが観測されました．それらの彗星群は，最大直径2 km に達し，衝突スピードは秒速60 km と推定されています．21回の衝突の中でG番目の破片の衝突では，直径12000 km を超す暗いスポットが木星表面に形成されました．その破壊力は，TNT 火薬換算で600万メガトンと推定されています．その規模の衝突が12時間後にもう一度起きました．

このように，人類の存亡にとってきわめて危険な小惑星や彗星の存在は，現在も観察や発見が続けられており，NASA のホームページなどで確認することができます（図6-5）．地球近傍小惑星群の衝突に伴う危険度が計算されていますが，今のところ21世紀内に地球規模の災害に至る衝突は起きないと考えられています．

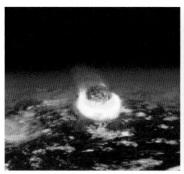

図 6-5　小惑星の衝突と津波
左図：小惑星衝突イメージ，右図：NASA のホームページで，確認された地球の近傍を通る小惑星の数が報告されている（出典：NASA）

6.2 海洋資源の現状

海洋資源といった場合，①生物資源，②物理的資源（鉱物資源，石油資源，天然ガス資源，水資源など），③再生可能な海洋エネルギー資源（海洋温度差発電，潮力発電，洋上風力発電，波力発電など），そして④その他の資源（輸送の場，余暇の場，廃棄の場など）です.

a. 海底の鉱物資源やエネルギー資源

20世紀以降に進歩を遂げた海底調査技術（音響測深技術，有人潜水調査船，無人潜水調査船，自立型無人潜水調査船など）によって，海底の鉱物資源探査に多くの期待が寄せられています.

海底熱水鉱床は，海底火山活動が盛んな中央海嶺，背弧海盆の中軸部，そして海底火山フロント上に集中します. それは，海底火山のマグマの熱が，海底の割れ目に浸透した海水を温め，高温の熱水を地殻内で循環させているからです. 海底では，水深によって静水圧が高く，そのため熱水は300℃以上にも達し，超臨界状態の海底熱水活動が岩石との反応を短期間で広範囲に進めます. 反応後の熱水には，ベースメタルや貴金属元素が含まれます. この熱水溶液が，断層に沿って海底に到達すると，数℃程度の海水によって急冷却され，金属硫化物や硫酸塩の結晶を一気に析出します.

熱水噴出孔から析出したこれら微細な鉱物粒子は，煙突状の塔（チムニー）を形成したり（図6-6），霧状に海中に放出されたりするため，ブラックスモーカーと呼ばれています. これらの微細粒子や結晶に鉄，鉛，亜鉛，銅，ニッケル，コバルトなどの硫化物が多く，その大規模な集合体を多金属硫化鉱床と呼びます.

日本では，南西諸島の沖縄本島沖の伊是名海穴と小笠原諸島の明神カルデラの2箇所において，比較的広範囲に及ぶチムニー群が確認されています. 深海底の熱水噴出地域は鉱床形成の場であると同時に，化学合成生物群に依存する深海底生物群にとってのオアシスとなっています. 特にチムニー周辺は，多様な生物コロニーが形

図6-6　ブラックスモーカー
（出典：NOAA）

©H.Yokose

図6-7　大平洋の赤道直下（南緯1度，西経166度，水深5310m）で採取されたマンガンノジュール

成されており食物網が確立しています．このような生物資源豊富な海域における鉱床開発に対しては，生態系への負荷軽減が今後の課題となっています．

　海底の鉱物資源として，古くからマンガンノジュール，マンガンクラストやコバルトリッチクラストも有望視されています．これらの鉱物資源は，海水中を浮遊するコロイド状の鉄水酸化物やマンガン酸化物に，有用金属（ニッケル，コバルト，銅）が吸着しながら沈殿し形成されたものです．

　マンガンノジュールは，様々なサイズの円レキ状岩塊（直径数 cm，最大 30 cm）として海底に広く分布し（図 6-7），海底表層部のバクテリアの作用を受けながら成長します．海底に広がるマンガンノジュールの資源埋蔵量は，地上の 20 倍に達します．一方，マンガンクラストは，海山の表面に 1 cm から数 cm 程度の厚さの層として発達します．酸化マンガン層の成長速度は，100 万年に 1 〜 4 mm 程度です．

　コバルトはジェットエンジンやガスタービンなどに必要とされる元素であるため，コバルトリッチクラストが産業上重要であると考えられていました．1960 年代，コバルトの世界産出量は，6 割強をコンゴやザンビアが占めていました．当時コンゴの政情は不安定であったため，アメリカ合衆国はコバルトを戦略的元素に位置づけました．しかし，世界情勢の変化や採算面などの問題から 1980 年には撤退しました．日本でもマンガンクラストに関する研究の歴史は古く，1975 年から 1996 年に一時調査を休止するまでの約 20 年にわたって研究が続けられました．これらの鉱石を獲得するには下の岩盤を含めた採掘が必要であり，廃棄物が膨大に発生し，周辺海域への環境破壊が懸念されています．さらに，マンガンクラストやマンガンノジュールが有望視される海域は，陸域から離れた海域が多く，輸送コストも問題視されています．環境に配慮した深海底からの採鉱方法やその鉱石の精錬方法の確立など，さらなるコスト削減が必須となっています．

b. ガスハイドレートの採掘の可能性と危険性

　日本では，次世代のエネルギーとしてメタンハイドレートをはじめとするガスハイドレートが注目されています．日本列島周辺では，九州・四国・紀伊半島沖や北海道南部の太平洋の海底，隠岐・富山・新潟・山形・秋田などの沖合の日本海の海底などでその存在が確かめられています．

　メタンハイドレートは，世界中の水深 200 m よりも深い大陸棚斜面や永久凍土の発達する地域に数多く存在しています（図 6-8）．日本を含めた世界の大陸棚に多くのメタンハイドレートが発見されるのは，栄養塩類に富む沿岸域の基礎生産力が高く，海底堆積物中に埋没される有機物量が多いことに起因します．

　メタンハイドレートは，メタン分子を中心に水分子が取り囲んだ，包接水和物

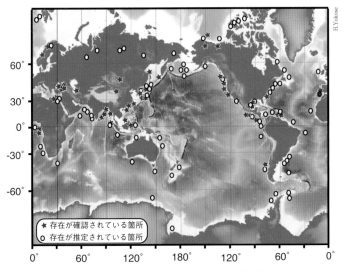

図 6-8　メタンハイドレートの存在状況（米国地質調査所のデータより
作成）

であり，低温で少し圧力のかかった状態で形成される固体です．メタンハイド
レート中のメタンの体積は 20% であり，残り 80% は水分子からなります．海洋
学的に見て，メタンハイドレートには 3 つの興味深い点があります：①新たなエ
ネルギー資源，②海底地滑りを誘発する物質，③気候変動をもたらす地球温暖化
ガスの排出源．

①に関しては採掘の技術面やコスト面で商業化が難航しています．

②や③に関しては，二酸化炭素の 20 倍にも達する温室効果ガスであるメタン
が，固体のメタンハイドレートから些細な温度・圧力条件の変化でガス化するこ
とにあります．掘削による物理条件の変化がメタンハイドレートの溶解をもたら
し，海底地滑りを誘発する可能性があります．それによって，大量のメタンが大
気中に放出され，地球温暖化に正のフィードバックがかかる可能性があります．
このように取り扱いの難しいメタンハイドレートを未来のエネルギー源として活
用するには，いっそうの創意工夫が必要とされています．

c. 海洋地域の再生可能エネルギー

海域における再生可能エネルギープロジェクトとしては，風力発電，潮汐力発
電や波浪発電などがあげられます．ノルウェー，アメリカ合衆国，ロシア，イギ
リス，日本などの国々が試験的なプラントを用いて実効性を検証している段階で
す．

フランスのランス川に建設された潮汐力発電所は，1966年に完成し1967年から商業的に運用されています．ここでは，ランス川における干満の差8mを利用して発電が続けられています．2011年には，韓国で始華湖潮力発電所が発電を開始し，発電容量は254MWと報告されています．この発電所

図6-9 テムズ川沖合の洋上風力発電

では，5.6mの干満の差が利用されています．この他，小規模な潮汐力発電は，いくつかの国で試みられております．しかし潮汐力発電では，しばしば生態系への影響が懸念されています．

洋上風力発電は，森やビルなどによる風の乱れが生ぜず，風を効率よく発電に利用できます．イギリスやデンマークなど大陸棚が広がっている北海では，比較的浅い海域が広く，洋上風力発電を行う上で好条件が整っています．さらに，洋上であるため設備投資や用地買収など，発電施設の建設コストを低く抑えられます．

イギリスでは，全発電における風力発電（陸上および洋上を含めて）の割合が，2017年度最終四半期で18.5％に達しています．イギリスの洋上風力発電は，ヨーロッパ諸国の中でも最も大規模に行われています（図6-9）．さらに，2025年に向けて，増設の計画が進んでいて，海底に固定する着床式洋上風力発電ではなく，浮体式洋上風力発電の開発も進められています．

d. 水産資源の枯渇問題

生物資源は，一般的には再生可能な資源として分類されています．しかし鉱物資源とは異なり，生物資源は一度絶滅してしまうとけっして復活することのない，再生不可能な資源となります．事実，20世紀に入ってからも多くの生物が絶滅しており，単位時間あたりの絶滅種の数は大量絶滅期に匹敵すると言われています．また，現代は第6の大量絶滅期と主張している研究者もいるほどです．

生物多様性を保護する目的で，絶滅の危機に瀕している，あるいは絶滅に近づいている生物群を国際的に検討する機関として，国際自然保護連合（IUCN）が存在し，レッドリストの作成を行っています．2021年2月時点で，IUCN絶滅危惧種レッドリストで138374種が評価対象に上り，そのうち38543種が絶滅のおそれがある生物に指定されています．

アメリカ合衆国とIUCNが中心となって，1972年に絶滅のおそれのある野生

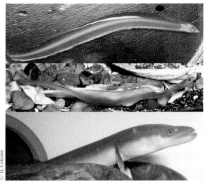

図6-10　絶滅が危惧されるニホンウナギ
上：ウナギ目の仔魚，中：河口に接岸する
シラスウナギ，下：2歳のウナギ

動植物の種の国際取引に関する条約作成が行われ，1973年にワシントン D.C. で採択されました．これがいわゆるワシントン条約で，一般的には CITES と呼ばれています．

日本でもしばしば，ワシントン条約が話題に上ります．たとえば，ヨーロッパウナギは中国で養殖されて日本に蒲焼として輸入されていましたが，2009年にワシントン条約の対象魚となり，2010年以降中国への輸出が禁止されました．それ以前に中国がフランスから合法的に輸入したシラスウナギ（図6-10）も2015年にはすべて出荷され，日本市場に輸入されるウナギ数は激減しました．それと同時に，違法なシラスウナギの取引がクローズアップされています．日本は世界のウナギ生産量の7〜8割を消費している「ウナギ消費国」ですから影響ははかりしれません．2022年に開催されたワシントン条約締約国会議では，ヨーロッパウナギの貿易にかかる追跡性の改善が報告されましたが，ニホンウナギはワシントン条約の対象魚とはなりませんでした．

2020年に出版された，2018年度の IUCN におけるニホンウナギの評価は，絶滅危惧種 A2bcd とされており，減少傾向にあることが記載されています．同カテゴリーに含まれる動物としてはトキがあり，それまで同じカテゴリーであったジャイアントパンダは，2021年に1つ下のカテゴリーに変更されました．また，環境省が2020年度に発表したレッドリストでも絶滅危惧種1B類として，淡水魚のトップにニホンウナギは掲載されています．単純に比較はできませんが，参考として絶滅危惧種1B類に含まれる鳥類ならライチョウが，そして爬虫類ならアカウミガメが同じカテゴリーになります．

さらに，地中海や大西洋産のクロマグロに関しても，2010年のワシントン条約の締約会議において，一時的な禁輸措置を求める提案がなされました．結局は否決されたのですが，これらの地域のマグロを約80%消費しているのもやはり日本です．提案は，資源枯渇を防ぐために，経済を優先させる漁業者に対して警鐘が鳴らされました．

水産資源に関する世界的動向は，年を追うごとにめまぐるしく変化しており，消費構造も様変わりしています．日本における水産資源の消費は増減があまりなく安定していますが，中国を中心とした世界の水産資源消費量は増加の一途をた

どっています．つまり，水産資源の枯渇状況は，今後さらに悪化する可能性が高まりつつあるのです．

スーパーなどの鮮魚売り場では，外国産魚介類が並べられ，近海産の魚介類が姿を消しつつあります．1964 年の日本の食用魚介類の自給率は 113% でしたが，2010 年には 60% まで低下しました．ウナギやマグロの例と同じように，近海ものの水産資源が枯渇する一方で，外国産の魚介類に依存する体質に変わりつつあるようです．資源枯渇に伴う収益率の悪化は国内の漁業従事者数の減少を招いており，1970 年あたりから年平均で 1 万人程度ずつ減少しています．このままのペースでは，2030 年には国内の漁師がいなくなるとの試算もあり，海洋資源を管理することは漁業の衰退を食い止める上でも最重要項目です．

さて漁業では，古くから漁獲効率向上を目的として漁法が開発されてきました．十分資源が存在する場合は良いのですが，持続可能な資源活用の観点からは疑問視される漁法（トロール漁や巻網漁など）となります．

トロール漁は，船尾から三角形の袋網を流し，両端に取りつけたオッターボードで網口を広げ，広範囲の魚を袋網へ誘導する漁獲法です．タラやカレイといった底生魚が主な漁獲対象であり，ブルドーザーのように海底の広い範囲を浚うため，目的とする魚種以外の生態系や幼魚の育つ環境の破壊が懸念されています．

巻網漁は，魚群の周囲を取り囲むように網を配置して漁獲する方法です．網を徐々に絞り込み，最初に配置した範囲の魚をすべて漁獲します．一般的には，イワシ，アジ，サバ，イナダ，カツオ，マグロといった群れをなす魚が対象魚種となります．マグロ巻網漁は，しばしば資源枯渇の槍玉に挙げられています．

トロール漁にしても巻網漁にしても，GPS や魚群探知機など近代的電子機器を駆使して対象魚種が含まれる魚群を狙い撃ちします．正に一網打尽に陥りやすく，乱獲の温床となります．

乱獲とは，野生の動植物を自然に増えるスピード以上に過剰に捕獲することを指します．特に，商品価値の高い魚介類は乱獲の危険にさらされやすく，そうして絶滅に瀕した状況に陥った場合は特に商業的絶滅と呼ばれています．

また，本来の漁獲対象魚以外の生物や漁獲対象魚であっても，未成熟の魚を漁獲した場合を混獲と呼びます．商品価値の低い混獲された生物群は，傷ついた状態や死んだ状態で海に戻されるケースが多々あります．混獲された生物群の食物網における位置によっては，生態系全体への影響が計り知れません．そのため，混獲を減らすための努力もなされています．

持続可能な漁業を目指して，水産資源保護に対する取り組みは各国で始まっています．漁獲量と自然増との均衡がとれて，総量の減少なしに毎年漁獲できる量を，最大持続生産量と呼んでいます．多くの魚類はたくさんの卵を産み落としま

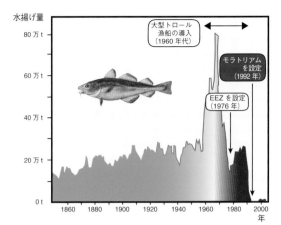

水揚げ量

大型トロール
漁船の導入
（1960 年代）

モラトリアム
を設定
（1992 年）

EEZ を設定
（1976 年）

80 万 t

60 万 t

40 万 t

20 万 t

0 t

1860　1880　1900　1920　1940　1960　1980　2000
年

図 6-11　商業的絶滅寸前まで追い込まれた大西洋ダラ
（Millennium Ecosystem Assessment を改編）

すが，自然環境の悪化や漁獲圧の増加によって，1 歳を迎えることのできる魚の生残率が 1% を切ることも少なくありません．繁殖期に到達するまでの期間が長い魚（数年～100 年）は，極端に生残率が低下します．

　商業的絶滅寸前まで乱獲が進んだ例としては，カナダ東部の沿岸域で行われていた大西洋ダラ漁が有名です（図6-11）．1950 年代後半までは，現地はタラの資源量を誇っていました．ところが 1960 年代以降，レーダーやソナーを装備した大型トロール漁船が様々な国からやってきてタラ漁を実施し，1968 年には総漁獲量が 80 万 t にまで急増しました．すでに乱獲状態であったことも手伝って，1975 年の漁獲量は 30 万 t に急落しました．

　これを受けて，アメリカ合衆国とカナダ政府は 1976 年より EEZ を適用し，外国船を排除しました．しかし総漁獲量を減らさなかったため，乱獲状態に歯止めがかかりませんでした．

　1986 年には，科学者が漁獲制限を半分にすべきであると警告しましたが，カナダ政府は漁獲可能量（TAC）の見直しを行いませんでした．その結果，1992 年の夏にはタラの現存量がついに当初の 1% にまで下落し，カナダ政府は約 500 年間続いたタラ漁に終止符を打つモラトリアム（一切の漁獲を許可しない）を宣言しました．

　大西洋ダラを絶滅寸前に追いやった上に，タラ漁業関連業種の 4 万 2000 人以上を失職させてしまった原因の一端に，カナダ政府が想定していた楽観的なTAC が挙げられています．絶滅寸前の大西洋ダラが復活するには，最低でも 15 年が必要であるとの試算が当時されましたが，30 年経ってやっと回復の兆しが見えた状態で，資源量の復活に至ってはいません．

　2006 年，Science 誌に掲載された論文では，乱獲や海洋汚染が現在のペースで続けば，2048 年までに食卓から魚介類が消えてしまうと論じられています．絶滅危惧種の報道が世界を駆け巡るたびに，2048 年のタイムリミットが現実味を帯びてきます．さらなる厳格な管理に基づく持続的な資源利用が 21 世紀の地

球人に求められています.

海洋生物資源の問題を語る上で,日本の捕鯨問題を避けて通ることはできません.欧米の海洋学教科書では,絶滅の危機に瀕する鯨類の状況が具体的に記述されています.

捕鯨問題は,鯨油が産業革命時代に重要な工業製品(液体せっけん,潤滑油,ろうそくの材料,マーガリンなど)として世界で珍重されたため,欧米諸国が動力船を用いた捕鯨船団で鯨油の乱獲を続けたことに端を発します.

現存量の減少が顕在化する中で,1946年に鯨資源の保存や捕鯨産業の発展を意図する国際捕鯨取締条約が採択され,国際機関としての国際捕鯨委員会(IWC)も発足しました.第二次世界大戦後,より安価で効率よく採取できる石油や植物性油脂が鯨油の代替品として利用されるようになったため,1960年代には,イギリス,オランダ,オーストラリアなどが採算性の悪化を理由に捕鯨産業からの撤退を始めました.その時点で,すでに危機的現存量に達しているクジラもたくさんいました.

そして1972年の国際連合人間環境会議で,商業捕鯨を10年間禁止するモラトリアムを盛り込んだ勧告が採択されました.同年に開催されたIWC年次会議では,アメリカ合衆国が「大型鯨類すべての捕獲枠をなくす」という提案をしますが,科学的根拠に欠く包括的提案であるとして科学委員会によって否決されました.しかし,その後もIWC会議に提案が繰り返され,ついに1982年に大型鯨類13種に対する商業捕鯨モラトリアムが決定されます.大型鯨類13種の中には,それ以前から商業捕鯨が禁止されていたクジラもたくさんいます.そして1986年から完全実施されて現在に至っています.

IWCが指示している大型鯨類13種は,主に動物プランクトン食のヒゲクジラ類12種とイカや魚類を主な餌とするハクジラ類のマッコウクジラ1種です.これらのクジラの寿命は50〜100年程度で,繁殖期に達するには数年〜10数年が必要です.また,世界中の海を旅することも多く,夏場に高緯度地域でオキアミなどを摂食し,冬場は子育てのために低緯度地域に移動する種もいます.

モラトリアム以降も日本は,調査捕鯨という形で捕鯨を続けました.調査捕鯨では,対象となるクジラを採取し解体して性別・年齢・胃の内容物・性成熟度の確認が行われました.特に年齢査定(ヒゲクジラでは耳垢栓,ハクジラでは歯断面)は,生態の時系列変化を検討する上で重要な情報源です.

しかし,日本の調査捕鯨が世界で問題視されたのは,これら解剖学的な調査が終了したクジラを資源の有効活用という名目で市場に流通させたことでした.そのため,調査捕鯨という名の商業捕鯨であるとの批判が後を絶ちませんでした.結果的に日本は2018年に国際捕鯨委員会を脱退し,2019年から日本のEEZ内

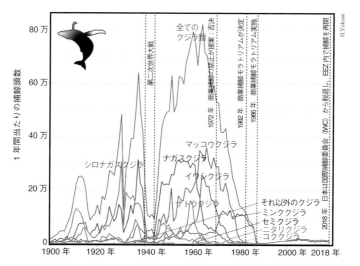

図6-12　捕鯨頭数の経年変動と世界の動向
Ourworldindata を基に作成（https://ourworldindata.org/grapher/whale-catch, データソース：Rocha et al. (2014) & the International Whaling Commission）

での商業捕鯨を再開しました（図6-12）．

6.3　深刻化する海洋汚染

　産業革命以後，人間活動は多量の廃棄物を海洋や大気に放出し続けています．多くの物質は，自然界で分解されないため時間とともに増加します．

a. 石油による海洋汚染の元凶

　2010年にメキシコ湾で発生した海底油田事故では，180万tの原油が流出しました．1991年の湾岸戦争では，約100万tの原油がペルシャ湾に流出し，油にまみれた水鳥たちの映像が全世界に衝撃を与えました．1989年にアラスカのプリンスウィリアム湾で起きたタンカーの座礁事故では，海岸が原油で覆われ，海鳥や海産哺乳類，魚類に甚大な被害が発生しました．原油除去作業の必要性から熱水による高圧洗浄が試みられました．しかし，この手法によって食物網の底辺を支える生物群が根絶やしにされ，生態系が破壊されて不毛の地になってしまいました．

　原油流出報道を見ていると，石油製品による海洋汚染は，原油の採掘現場や輸送過程が主要因のように思えます．しかし，大半は地層などから流出する場合が

最も多くなります．人類の行動に伴って排出される石油による海洋汚染の内訳では，全体の77％が陸上から流れ出たり，大気中に放出されたりした分です．日常的に少しずつ世界中で排出される汚染物質は，新聞の一面を飾ることがなく，見落としがちになります．

b. 海上に集積するプラスチックゴミの恐怖

世界中が早期解決を望んでいる環境問題の1つに，プラスチックゴミによる海洋汚染があります．毎年3億t近いプラスチックが生産されており，そのうち約500〜1300万tほどが海洋にプラスチックゴミとして追加されています．増え続けるプラスチックゴミに対して，解決策は未だにありません．しかもこれまでに排出された量は膨大で，事態の深刻さは日々増すばかりです．

日常生活でプラスチックが多用される理由は，材質が軽い，丈夫，耐薬品性に優れている，安価である，といった点にあります．しかし，これら人類にとってのメリットは，海洋環境保護の観点からはいずれもデメリットになります．加えて，プラスチックは取り扱いも容易で，多用途に使用可能なため，大量生産と大量消費から経済的に脱却することが難しく，私たちの身の回りにあふれます．

海洋を漂う大量のプラスチックゴミは，日々の人間活動が主要因です．1970年代には，海上を利用する船舶などからの排出量が20％で，陸域からの排出が80％でしたが，その後の法整備に伴って海上における排出が禁止されました．しかし，海岸や海上のゴミは一向に減りません．プラスチックゴミの多くは，実は陸上からもたらされており，それらの主体は，私たちが意図せず野外に放置してしまったものが大半です．

多くの下水道では，汚水処理用の水路と，雨水を川や海に流すための水路が別々にある分流式が採用されています．つまり道端に放置されたゴミは，降雨時には下水を伝って直接川に流れ込みます．また，川原での余暇活動で放置された小さなプラスチックゴミも付け加わります．

普段の河川は流量も少なく，多量のゴミを運んでいるようには見えませんが，増水時や洪水時には運搬能力が飛躍的に増大し，一気に膨大な量のゴミを下流に運び去ります（図6-13A, B）．河川を流れ下ったプラスチックゴミは，河口にたどり着き海に放たれます．図6-13Cに示したように，2020年7月に九州で発生した豪雨に伴って八代海や太平洋に流れ出た茶色の濁流を気象衛星ひまわり8号からでも確認できます．海に流れ出し，海岸を埋め尽くすおびただしいゴミは，流木だけではなく大量の生活ゴミが含まれます（図6-13D）．海岸に打ち上げられた大型ゴミの大部分は，漁業の障害となるため回収されますが，それ以外は外洋を漂うゴミに追加されます．

図 6-13 河川がもたらす海洋汚染と生物被害
A：増水した川を流れるおびただしい数のプラスチックゴ
ミ．B：2012 年 7 月の九州北部豪雨時に白川を流れ下る大
量のごみ（数 m を超える物も）．C：2020 年 7 月豪雨時にひ
まわり 8 号が捉えた不知火海と太平洋の変色海域．（ひまわ
り画像：情報通信研究機構（NICT））．D：2020 年豪雨で不
知火海の海岸を埋め尽くす漂着ゴミ．E：プラスチックゴミ
の被害，ミッドウエイ環礁のコアホウドリのヒナ（OWS 提
供，杉下純一氏撮影，OWS），F：ゴーストネット被害，ミッ
ドウエイ環礁のハワイモンクアザラシ（OWS 提供，John
Klavitter，USF.WS）．

日本における水害時と同様のことが世界中の河川で起こっています．特に，雨の多い熱帯雨林地方やゴミが路上に散乱している発展途上国なら，日本の洪水時と比べ物にならない量のゴミが排出されます．もしも，海岸に到着した漂着ゴミを放置したならば，潮汐や嵐のときに波でさらわれて外洋に流れ出し，ゴミ回収のチャンスが失われます．

海洋に排出されたプラスチックゴミは，大部分が海水よりも低密度で沈まないため，海面上を長時間浮遊できます．そのため，浮遊プラスチックの総量は時間とともに増大します．さらに，生物学的分解も進まず，半永久的に海洋表層部に居座り続けます．

こういったプラスチックゴミは，罪のない多くの野生動物を死に至らしめています．洋上を浮遊するプラスチックゴミの破片は，釣りのルアーのように海鳥にとっては小魚のように見えます．親鳥たちは，何も知らずにそれをひな鳥に餌として与えてしまいます．胃袋をプラスチックで満たした，ひな鳥の哀れな姿は後を絶ちません（図 6-13E）．

絶滅危惧種であるウミガメも，海上を漂うレジ袋などをクラゲと間違えて捕食してしまい，消化不良となって死亡する事故が多発しています．また，漁で使われていた網が漂流してゴーストネットとなり，アザラシやイルカがそれに絡まって命を落とすといった被害も続出しています（図 6-13F）．プラスチックが何で

あるかを知る由もない野生動物が，人類のつくり出した「凶器」によって一命を
落としている悲惨な現実が未解決なのです．レジ袋やファストフードのストロー
やプラスチックプレートなどが廃止されるのも，こういった背景があるからで
す．現代は，お祭りなどで風船を飛ばす行為が，海洋汚染を積極的に促進してい
る行為とみなされる時代です．

　海上を漂うプラスチックゴミは，さらに悪いことに，太陽光にさらされ，波に
もまれることで，小さな破片や粒状になります．これは，プラスチックの基本構
造である高分子化合物どうしをつなぐ接着剤が，紫外線などによって分解され，
細かく砕ける現象です．たとえ，プランクトンよりも小さくなったとしても，プ
ラスチックの性質は変わらず，炭素や酸素や水素に分解はされません．

　この小さくなった破片は長い年月海中を漂いながら，イオン交換樹脂のように
有害な化学物質を吸着・濃縮します．濃縮された有害物質を含んだプラスチック
片を生体に取り込むと，プラスチック自体は排出されるものの，有害物質のみが
生体内に残留する生物濃縮に発展する危険性が十分あります．

　上述のようなプロセスで，直径が5mm以下になったプラスチック片は，二次
マイクロプラスチックと呼ばれます．一方，海洋に排出されるときに，既に直径
が5mm以下のプラスチックであった場合は，一次マイクロプラスチックと呼ば
れています．排出される一次マイクロプラスチックの中で，洗濯屑が最も多く，
次いでタイヤの削りカスと報告されています．

　エビの背ワタを研究したヨーロッパの報告では，検証したエビのすべてにおい

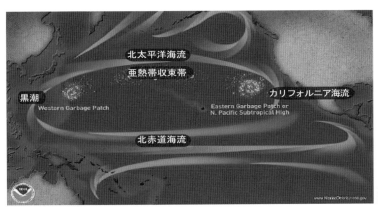

図 6-14　海洋に蓄積され続けるプラスチックゴミ

北太平洋亜熱帯循環における一連の海洋ごみの集積地帯を Great Pacific garbage pactch：
GPGP（太平洋ゴミベルト）と呼んでいます．NOAA の図では日本近海（Western Garbage
Patch），カルフォルニア沖（Eastern Garbage Patch）と亜熱帯収束帯の近傍に特に集中してい
る様子が描かれています．

てマイクロプラスチックが発見できたとされています．また，別の研究では，人間の排泄物中からのマイクロプラスチックの発見を記載しています．このように，回収がきわめて難しいマイクロプラスチックが食の安全性を脅かしつつある現状がしだいに明らかとなっています．しかし，マイクロプラスチックによる具体的な健康被害の状況は現在調査段階であり，詳しくわかっていません．

　太平洋に流れ出たプラスチックゴミが帯状に集積していることは，海洋学者でヨットマンでもあるチャールズ・ムーアの指摘によって，海洋プラスチック問題が世界的な関心事となりました．太平洋の亜熱帯循環にたどり着いたプラスチックゴミは，半永久的に回り続け太平洋ゴミベルトをつくり上げます（図6-14）．地球上の海洋には，亜熱帯循環が5つあり（第2章参照），何れの海域でもゴミベルトの存在が明らかとなりつつあります．

　私たちが海洋ゴミ問題に対してできることはたくさんあります．まずは，プラスチックゴミをきちんと処理することです．すべての大洋はひと続きにつながっています（図5-18）．適切なゴミ処理を1人ひとりが心がければ，世界にもたらされるゴミの総量を減らすことができます．また，海岸清掃活動も重要です．海岸に漂着したゴミを回収することで，大洋への再流出を防げます．

c. 富栄養化がもたらす無酸素の閉鎖性水域

　人口増加や都市化に伴って，湿地，干潟，マングローブの森が世界から姿を消しつつあります．これらの地域は水深が浅く埋め立てに適しているため，宅地・農業用地・工業用地に変貌します．同時にこれらの地域は，海洋の極端な富栄養化を抑制してくれる大事な領域であり，保護の必要性が叫ばれています．

　外洋に対して大きく開口していない閉鎖的な内湾環境（たとえば有明海，東京湾，瀬戸内海，大阪湾，三河湾など）では，陸源性の栄養塩類の増加に伴って富栄養化が急速に進みます．富栄養化は，陸上の農作業で発生した余剰肥料，生活排水や工業排水に伴う栄養塩類（窒素化合物やリン酸）の追加で発生します．これらも私たちが無意識で放出している汚染物質です．

　栄養塩類の増加は一次生産者の増大をもたらすため，一見よいことのように思えます．しかし過剰の栄養塩類がもたらされると植物プランクトンの短期的な大発生を助長し結果的に赤潮や青潮に至ります．食物網においては，大量発生したプランクトンを捕食できる生物群のライフサイクルは1年を超えるため，プランクトンの繁殖数に捕食が追いつきません．そのため，余剰のプランクトンは死骸となって海底に沈みます．さらに，毒性プランクトンが出現したり鰓にプランクトンが詰まるなどして，食物網のより高次に位置する大型魚が多量に死にます．

　こうして海底にもたらされたプランクトンや大量の魚の死骸は，それを餌とし

て分解するバクテリアの大繁殖を短期間に誘発します．この分解過程で海水中の溶存酸素が大量に消費され，閉鎖的な内湾の海底部に貧酸素水塊（飽和溶存酸素量の1〜30%の間）を発生します．一般に，海洋生物が健康に生存できる飽和溶存酸素量は80%以上で，貧酸素水塊の環境下で逃げ回ることの難しい底生生物が最初に死滅します．これらの底生生物の死骸に対して嫌気性バクテリアがさらに分解を続け，溶存酸素濃度をさらに低下させます．嫌気性硫酸還元菌の活動によって，海中では硫化水素が多量発生し，死の海へと至ります．

潮間帯の干潟やマングローブの森は，内湾に加えられた過剰の栄養塩類を藻やマングローブの成長に利用することで，極端な増加を抑制してくれます．またそこでは，貝類や幼魚の生育場が提供され，過剰に発生したプランクトンを捕食によって消費してくれます．これらの地域が埋め立てられると，本来自然に備わっているこれらの緩衝作用が働かなくなります．逆に，土地開発は人間の生活圏を拡大し，過剰の栄養塩類が追加されやすい環境をつくり出し，貧酸素水塊発生のリスクを上昇させます．

d. 有害物質の生物濃縮

多くのプラスチックゴミや汚染物質と同様に，陸上の有害な化学物質は最終的に海洋にたどり着きます．それらの陸上における散布量に比して，海水の総量が圧倒的に多いことから，薄まるので大丈夫と考える人も多い事でしょう．しかしこういった有害物質はプラスチックと同様に自然に分解されるものがきわめて少なく，これまで使用された量が海洋に随時蓄積され続け，濃度は増加します．

健康上の被害をもたらす主な有害物質としては，殺虫剤（アルジカブル，ジブロモエタン，DDT），溶剤（ベンゼン，四塩化炭素，PCB），農薬（ダイオキシン，メチル水銀），洗浄剤（トリクロロエチレン）や冷却材（クロロホルム）などがあります．主な健康上の被害としては，発癌性，生殖異常，白血病，免疫不全，各種障害（神経，中枢神経，遺伝子，血液）や各種機能不全（肝臓，腎臓，肺）がもたらされます．

いずれも，海水中にはごく微量しか含まれていないため，直接海水を摂取しても健康被害はめったに起こりません．しかし食物網における高次消費者である私たちは，生物濃縮に注意を払う必要があります．

DDTに関する調査の例では，仮に海水中のDDT濃度が3×10^{-6} mg/Lであったとしても，植物プランクトン→動物プランクトン→小魚→大きな魚→鳥へと続く捕食レベルの上昇につれ，DDT濃度も25 mg/Lまで増加します．つまり，最初の海水中のDDT濃度は，最後の鳥までの間に約1000万倍濃縮された計算になります．北米のオンタリオ湖の例では，アミ→ワカサギ→カモメと食物網の上

位へ生物濃縮が進んだ結果，PCBが2500万倍濃縮されたとの報告があり，生物濃縮は概して桁外れ（10^6オーダー以上）になります．

人工的につくり出された有害物質は安定で分解されにくく，また極性の小さな有機化合物であることも多く，水に溶けにくい疎水性を示します．そのため，これらの有害物質は体内の代謝によって分解・排出が起こりにくく，脂肪分に溶け込み，選択的に濃縮されます．

生体に含まれる有害物質の含有量もさることながら，摂取期間も生物濃縮では重要な要因です．

熊本県南部に位置する八代海の水俣湾では，1950〜1960年代にかけて，工場排水による海洋汚染が原因の水俣病が発生しました．工場排水に含まれていたメチル水銀が八代海南部の生態系で生物濃縮されたことが原因です．汚染されていると知らずに大量に摂取した多くの住民に甚大な被害をもたらしました．当時の悲惨さを石牟礼道子著『苦海浄土』が私たちに伝えてくれます．水俣病発生の2〜3年前には，八代海周辺では海草，魚類，海鳥に異変が前兆現象のように現れていました．

水俣病の原因物質であるメチル水銀は脂溶性であり，システインと複合体を形成し優先的に脳組織に蓄積され，中毒性中枢神経疾患を発症させます．また，妊娠中の母親が汚染魚を摂取することで，胎盤を通してメチル水銀が胎児に蓄積さ

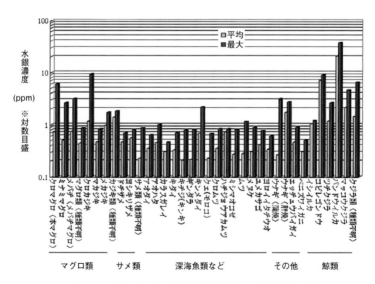

図6-15　摂取量に注意が必要な汚染魚の注意喚起の例
（出典：日本協同組合連合会ホームページ，https://jccu.coop/food-safety/qa/pdf/qa02_02_qa03.pdf）

れ，胎児性水俣病を発症しました．胎児性水俣病では，たとえ母親や出産直後の赤ちゃんに顕著なメチル水銀中毒症状が見られなくても，成長とともに重度の心身障害児となった症例も報告されています．

このメチル水銀中毒は過去の話ではなく，現在世界中に広がりつつあります．金の精錬，工場排水や火山活動などが汚染源となり，日々メチル水銀が海洋に排出され続けています．食物網の上位に位置する生物群（マグロ，キンメダイ，イルカ，クジラ）はメチル水銀の濃縮度が高いことが知られており（図 6-15），アメリカ合衆国の FDA や日本の厚生労働省は胎児性水俣病の発症を懸念して，妊婦に対して魚類の摂取量に十分気をつけるように警告しています．

メチル水銀のみならず，ダイオキシンや PCB といった汚染物質は，今でも少しずつ海に流れ出しています．たとえ海水自体の汚染レベルが安全性の基準濃度以下であったとしても，食材が生物濃縮によって危険な毒薬となり，食卓に上る可能性は否めません．

6.4　水の惑星を持続的に活用するには

海洋をめぐる様々な問題は，すでに私たち人類の生存を脅かしつつあります．世界人口は 80 億人を超え，人口爆発に伴う食糧危機をはじめとする資源枯渇が懸念されています．このような問題については，以前から多くの研究者によって警鐘が鳴らされてきました．開発という名の自然破壊と大量消費に支えられた，私たちの豊かな生活はいつまで享受できるのでしょうか？そして，豊かな海を未来の子孫に向けて保護していくためには，何をなすべきなのでしょうか？海洋保全を含めた地球環境の健全化を考える上で，「ラパ・ヌイの教訓」や「共有地の悲劇」は示唆的内容を多く含みます．「ラパ・ヌイの教訓」は，クライブ・ポンティングが 1991 年に，そしてジャレド・ダイアモンドが 2005 年に，人間社会の崩壊過程を詳しく述べたものです．一方「共有地の悲劇」は，ギャレット・ハーディンが 1968 年に Science 誌に発表した論文において，地球という有限の領域でどのように資源を分配するかに関して提案されたものです．ここでは，水の惑星の未来について考えてみましょう．

a. ラパ・ヌイの教訓に学ぶ

モアイ像で有名なラパ・ヌイ国立公園（チリ）は世界遺産にも登録（1995 年）された風光明媚な海洋島で（図 6-16），英語名のイースター島は，1722 年 4 月 5 日の復活祭の日に，オランダ船がこの島を訪れたことに由来しています．ラパ・ヌイの最寄りの有人島はピトケアン島です．

図6-16 地球の未来を暗示する
ラパ・ヌイの歴史

　冷たい海流によって隔てられたラパ・ヌイでは，閉鎖的環境下で有限の資源を使い果たした結果，17世紀に文明が滅びました．その状況は，極限の宇宙に浮かぶ逃げ場のない地球と重なるものがあり，環境破壊と文明崩壊の因果関係を地球の未来に投影してしばしば議論されます．

　オランダ人の提督がラパ・ヌイを訪れたとき3000人ほどの原住民はみすぼらしい生活の中で戦いに明け暮れ，食料もままならない状況下で人食いまでして飢えを凌いでいました．島には3mを超す木は1本も生えておらず，草地で覆われていました．

　そのような島であるにもかかわらず，10mを超える石像（モアイ像）があちらこちらに残存していました．そして1774年にこの島を訪れたクック船長は，島民数に比べ文明の発達程度がきわめて高いことを記載しています．

　20世紀に入って，考古学者がラパ・ヌイの本格的な調査を開始し，600体以上のモアイ像を発見し，あまりにも不可解な状況であったため地球外生命体起源説まで飛び出しました．最終的に考古学的研究によって明らかになったことは，一時は1万5000人規模に膨れ上がった島の人口と文明が，森林の消失によって崩壊していったという衝撃的な事実でした．

　考古学では，島に残されている遺跡を調べることで過去の状況を探ります．それに基づくと，1200年前にポリネシア中央部まで進出したラピタ人が，西暦900年頃にラパ・ヌイに入植しました．湿地の堆積物に関する花粉分析や年代測定から，入植する以前のラパ・ヌイは高さ約20m，直径約1mのヤシの木が生い茂る島だったことがわかりました．

　入植した人々は，農地開拓に成功し，増加した人口は11〜12の部族に分かれます．そして食糧増産や石像建設がピークを迎えた頃，人口は1万5000人程度に達しました．一方で，ラパ・ヌイ内に残るゴミ山の調査結果は，繁栄とは裏腹に資源枯渇が着実に忍び寄っていたことを示します．農地開発や生活必需品の資材として森林は伐採され，急速に減少しました．そして，大木の存在を示すヤシの実は存在しなくなり，その上，外洋で捕獲されるネズミイルカや魚の残骸がゴミから消えます．ネズミイルカは，食料であるとともに釣り針の材料でもあったため，魚の確保ができなくなったことを物語ります．

　考古学的データを総合すると，ラパ・ヌイでは森林破壊が1400年代から部分的に始まり，1600年代には島全体に拡大したと推定されました．

　島民たちは，森林の消失によって食料確保がきわめて難しい状態に陥りました．すると，内戦が部族間で勃発し，各部族の象徴でもあったモアイ像が倒されたり，破壊されたりします．

　周囲を冷たい海に囲まれたラパ・ヌイの島民は，丸木舟をつくる材料がないため島から逃れるすべもなく，外洋から食材を得ることもできません．この極限状態で島に残った食材は，人肉だったのです．共食いの事実は考古学的に明らかにされているほか，生き残った島民によっても伝承されています．このように，森林資源の枯渇が，ドミノ倒しのように社会秩序の崩壊をもたらしたと推定されています．このような社会崩壊の後，ヨーロッパ人がラパ・ヌイを訪れ，繁栄を謳歌した証のモアイ像と島民の現状とのギャップに直面したのです．

　さて，森林消滅に伴う悲劇はなぜラパ・ヌイだけに起こって，他のポリネシアの島々には起こらなかったのでしょうか．モアイ像作製に夢中になりすぎたあまり，特別愚かだったラパ・ヌイの指導者や島民が資源管理を怠り，他の太平洋の島々と違って悲劇を自らの手で招いてしまったのでしょうか？

　崩壊の原因を先のダイアモンドは，島民たちが予想していたよりも，ラパ・ヌイの自然が他のポリネシアの海洋島に比べ脆弱だったためだと考えました．つまり，ラパ・ヌイは赤道から遠く離れた，寒くて乾燥した島であり，栄養分も少ない土壌しか存在せず，植物の成長がきわめて遅かったことが森林消滅の原因の主たる要因と結論づけたのです．

　ラパ・ヌイ（南緯 27 度）は，日本であれば沖縄本島と与論島の間（北緯 27 度）が赤道から等緯度になります．一見温暖そうですが周囲を冷たいペルー海流が取り囲んでいるため，年平均気温は 20℃ 程度（沖縄本島なら 23℃）と低く，腰ミノ 1 つで年中生活できるような環境ではありません．大型動物は住んでいなかったため，毛皮も着られません．夜間，暖をとるための燃料が必要不可欠だったことでしょう．

　以上のようにして，森林資源を楽観的に見積もったラパ・ヌイの文明は崩壊しました．ここには，持続可能な資源活用を目指す上で，いかに楽観的な見積もりが命取りになるかという教訓が含まれています．宇宙に逃げ場のない私たち地球人は，地球環境の脆弱性をしっかりと認識する時期に来ています．

b. 地球は閉鎖的な環境「共有地の悲劇」

　統計によると，1800 年代の世界人口は 10 億人ほどでしたが，1960 年代には倍の 20 億人に達し，2000 年代には 60 億人を超えました．そして，2022 年には 80 億人に到達し約 220 年で 8 倍以上に達しています（図 6-17）．この人口増加は，図から明らかなように，直線的ではなく指数関数的に増加します．

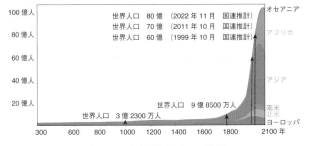

図6-17 地域別世界人口の推移
2021年以降は国連の予測値が含まれる．（https://ourworldindata.
org/world-population-growth [Online Resource] を基に作成）

二酸化炭素の総排出量は，産業革命が始まったばかりの1800年代には約800万tだったものが，2011年には95億tに達しました．1人あたりに換算すると，2011年は1800年に対して170倍に増加しています．つまり，人口の増加以上に，1人あたりの平均的な環境負荷量が激増しているとみなせます．産業革命以降の劇的な変化の時代に対して，アンソロポシーン（人新生）という地質時代を提唱する研究者もいます．

　1968年に著された『共有地の悲劇』の根本的命題は，有限から無限をつくり出せないというものです．すなわち，地球の人口は急激に増加しつつあり，有限である地球資源を1人ひとりに分配しようとした場合，分け前は指数関数的に減少します．つまり，人口の無限増加を支えることは論理的に不可能で，悲惨な結果が待ち受けていることを暗示しています．ハーディンは人口爆発問題に対して，「技術的な解決策」はないと結論しました．

　アダム・スミスは，「自己の利益を追求すること」は「神の見えざる手」によって「公的な利益の向上」につながると説いています．しかし，この個人の合理的で自由な判断こそが，共有地に悲劇をもたらします．

　たとえば，国立公園が共有地だとします．観光客が無限に訪れ，自分たちの見たいものを見るために自由に山野に分け入ります．踏み荒らされた自然は荒廃し，せっかくの景観はいずれ台無しになることでしょう．あるいは，公海が自由にアクセスできる共有地だとします．漁師は自己の合理的な理由（コストを削減し利益の最大化を計る）に基づいて漁獲量を増やし続け，結果として水産資源の枯渇を招き，食物網に連なる生態系に壊滅的なダメージを与えます．

　さらに，有害物質の排出において河川や海が共有地であったなら，やはり悲劇は起きます．排水に対して適切な処理を施せば費用がかかるため，コスト削減という合理的な理由に基づいて未処理のまま排水すれば，環境破壊が進みます．これは，公害問題を発生させるような大企業のみならず，生活排水でも起こりうる事例です．その他，牧草地，狩猟場，漁場をはじめ，ゴミ捨て場（生活ゴミ，工業廃棄物，殺虫剤，肥料，核廃棄物），大気汚染（二酸化炭素の排出，煤煙），海洋汚染，騒音問題なども，共有地の悲劇に陥りやすい状況にあります．

　当事者にとっては合理的な判断の上で行われた自由な行動でも，環境負荷は共有地に所属する全員で負担するはめになります．人口がきわめて少なかった昔なら許された内容でも，人口密度の高い現代では，それぞれの行動が相互干渉の火種となり，共有地の悲劇へと突き進みます．

　ハーディン論文の「共有地」という発想は，発表後40年以上経った現在でも十分価値のあるコンセプトです．誰の物でもなく，誰もが帰属している水の惑星を考える上で，「共有地」の取り扱いを真剣に考えていく必要があります．

c. 持続可能な地球環境へ向けて

　これまで述べてきましたように，地球環境は恒星と惑星の関係に始まり，長年にわたって様々な生物活動によって育まれた酸素に満ちた大気のもと私たちは生活を続けています．その安定した環境を自ら手放そうとしているのが，現在の環境破壊ではないでしょうか？ここでは，環境問題に関する人類の取り組みと根本原因を概観します．

　人類による環境破壊を具体的に考えるきっかけをつくった人物（図6-18）の1人として，海洋学者であるレイチェル・カーソンを挙げることができます．彼女は，著書『沈黙の春』の中で農薬であるDDTが長期にわたって残留することや，生物濃縮によって生態系にダメージを与えることを告発しました．

　この本が出版された1962年は，アメリカ合衆国において人種差別や性差別が色濃く残っていた時代です．レイチェル・カーソンは，そのような時代背景の中で，農薬で巨額の富を得ていた大企業を相手に，化学物質による自然破壊の脅威を訴え続けました．利益を阻害される大企業や政治家は，彼女に対して社会的に誹謗中傷を繰り返しました．そのような状況下の1964年，彼女は癌のため56歳でこの世を去ります．

　しかし，この本の出版以降，環境保護に関する草の根運動がアメリカ合衆国をはじめ，世界中に波及していきます．日本でも，1950年代後半から1960年代後半にかけて水俣病や大気汚染といった公害が社会問題となります．また，当時はベトナム戦争のさなかでもあり，戦争や人間活動による自然環境の破壊も世界的な関心事でした．アメリカ合衆国では，環境保護運動が影響してか，1970年にリチャード・ニクソン大統領によって，アメリカ合衆国環境保護庁（EPA）が設立されます．EPAでは，大気・水質・土壌等の汚染状況を監視することとなります．日本では，1971年に公害

図6-18　"沈黙の春"の著者，
レイチェル・カーソン

問題を取り扱う行政機関として環境省が設立されます.

　これらの世界的な流れは,現在も続くアースデイイベントや,1972年に開催された国際連合人間環境会議へと受け継がれていきます.国際連合人間環境会議では人間環境宣言(ストックホルム宣言)や環境国際行動計画が採択され,また国連の実施補助機関として国際連合環境計画(UNEP)が発足し,環境に関する諸活動の調整や国際協力の推進が行われています.

　1972年の人間環境宣言で掲げられた26の原則の中で自然環境保全に直結する項目は半分程度で,残りは人権問題や南北問題の是正が占めます.2000年の国連ミレニアムサミットで掲げられた2015年までに達成すべき8つのゴールと21のターゲットからなるミレニアム開発目標(MDGs)やその延長にあたる2015年に採択された2030年までに達成すべき持続可能な開発目標(SDGs:17のゴールと169のターゲット)もほぼ同一内容で,開発における人権問題や南北問題を主体としています.それぞれのゴールを達成するためにも,安定した地球環境の確保が必要となります.

　2009年以降,地球環境の指標としてプラネタリー・バウンダリー(惑星限界)という考え方が導入されています.これは人間活動によって地球環境にもたらされるいくつかの化学物質の排出量等を基準に,地球環境の限界点が評価されます.限界点とは,化学物質の排出量が基準値以内なら環境回復が望める状態と定義され,それを超えた場合には地球環境が以前の状態にけっして戻れないことを意味します.

　2020年の評価では,3つの項目がすでに限界量を超えています.つまり,地球環境は,回復の見込みがない状況に突入していることになります.長年の国際的な取り組みにもかかわらず,"水の惑星"は人間にとって住めない場所に激変しつつあるというのが科学的結論のように思えます.

　地球環境の保全において二酸化炭素の排出削減やプラスチックゴミ問題は単に氷山の一角であり,多くの問題を同時に解決しなければならない状況に"水の惑星"があることを人類一人ひとりが認識すべき時期かもしれません.

まとめ

環境問題の解決は，一人ひとりの心がけ

　地球環境は，海洋や大気に存在する水分子によって私たちの生存が保たれています．その状況は，人類のみならず全生物圏に及んでいます．そのため，海洋と大気の相互作用があるように，地球の生物群と海洋および大気も密接に連携しながら現在の地球システムを維持しているとみなせます．

　現在の地球大気は，無生物的に発生したのではなく，約30億年かけて生物がつくり上げました．ですから，地球環境の安定的な活用を考える上で，それらを一体化した"水の惑星"としてのシステムを理解することが肝心です．

　二酸化炭素の排出，海上に浮かぶゴミ，汚染物質の海洋蓄積，水産資源の枯渇や災害の頻発は，どう考えても人類が自ら招いているように思えます．こういった問題の火種は，平和な状況下ですでにくすぶっており，加速度的に悲劇へと突き進むことが世の常です．平和に見える今だからこそ，地球環境の異変に関心をもち，行動することが重要となります．

　宇宙に浮かぶ水の惑星である地球は，けっして無限の大きさをもつ存在ではありません．宇宙によって閉鎖されたこの惑星で生きるということは，有限の物質世界で生活することを意味しています．使えばなくなるし，捨てればたまるのが閉鎖系の宿命です．

　ラパ・ヌイの教訓や共有地の悲劇で解説したように，"水の惑星"を構成する海洋・大気・生物群という大自然はけっして無限ではなく有限であるため，80億人に膨れ上がった人類に，資源をどのようにして分配するのかが大問題となっています．事実，プラネタリー・バウンダリー評価において，2020年の地球は①気候変動プロセス（大気中二酸化炭素濃度と放射強制力），②生物多様性の損失，そして③生物地球化学的循環の3項目において限界値を超えていると報告されています．

　生物多様性損失に対して，別の研究では地球がすでに第6番目の大量絶滅期に入ったと報告されています．生物の損失は，大気組成や食物網の微妙なバランスを急速に崩壊させます．環境変化において，人類は自然淘汰作用の例外ではありません．地球環境が劇的に変わった場合，人類は適応するために進化を遂げるのか，自然淘汰され絶滅の道を歩むのかの2択なのかもしれません．

　過去において，不確かな科学的根拠に基づいて試算された内容は，その当時の人々によって導き出された合理的結論であるものの，状況設定や未知要素に自由度が存在するため，現在でも適用可能な真理とは限りません．通説と呼ばれる人々の合理的判断，客観的判断，そして真実がすべて別物であったことは，科学史を紐解くことで，多くの事例に出会えます．特に，現代のような地球環境の激動期には，それまで常識として受け止められた内容が，数年後には集団催眠状態と判断されることも少なくありません．

　常に最新の情報に触れ，より良き地球の未来を選択できるように皆さんは心がけて下さい．80億人にまで急激に膨れ上がった人口が，誤った情報に先導された場合，80億倍となって地球環境の悪化を招きます．逆に，たとえ一人ひとりの小さな努力であったとしても，80億人が同じようにできれば大きな成果が期待できるかもしれません．自分でできることからはじめることが，エコ活動の基本といわれています．

　地球を今後も有効利用するために意識すべき3つの要点は次のようになります．

　　①地球は有限の世界
　　②自然環境の回復には長期間が必要
　　③ちょっとした自然の変化を読み取り，破局的状況を回避する

　陸上生活を営む私たちは，生命が誕生したときから海と密接に関わってきました．現在の地球環境をつくり出しているのも，海があったからこその賜物です．そして海から受ける恩恵は，数え切れないくらい存在します．それらの恩恵の多くは，太陽–地球–海洋–大気–生物の共同作業によって，46億年かけて蓄えられた地球の貴重な財産です．

　“水の惑星”のリテラシーを通して，少しでも人類と地球システムの関係を見直すきっかけになればと願っております．

文　　献

【参考とした欧米の海洋学教科書】

Ahrens, C. D. and Henson, R.: Meteorology Today: An introduction to Weather, Climate, and the Environment, 13th edition. CENGAGE, 2021.

Garrison, T. and Ellis, R.: Oceanography: An Invitation to Marine Science, 9th edition. Brooks/Cole Pub Co., 2015.

Sverdrup, K. and Armbrust, E.: An Introduction to the World's Oceans, 9th edition. McGraw-Hill Science Engineering, 2008.

The Open University: The Ocean Basins: Their Structure and Evolution, 2nd edition. Butterworth-Heinemann, 1998.

The Open University: Marine Biogeochemical Cycles, 2nd edition. Butterworth-Heinemann, 2005.

The Open University: Ocean Circulation, 2nd edition. Butterworth-Heinemann, 2001.

The Open University: Seawater Its Composition, Properties and Behavior. Butterworth-Heinemann, 1995.

The Open University: Wave, Tides and Shallow-water Processes, 2nd edition. Butterworth-Heinemann, 2000.

Trujillo, A. and Thurman, H.: Essential of Oceanography, 13th edition. Prentice Hall, 2019.

横瀬久芳：はじめて学ぶ海洋学．朝倉書店，2015.

【それ以外の主な参考資料】
◆はじめに

Halversen, C. et al.: A Handbook for Increasing Ocean Literacy: Tool for educators and Ocean Literacy Advocates. NMEA, 2021.

NOAA: Ocean Literacy: The Essential Principles and Fundamental Concepts of Ocean Sciences for Learners of All Ages. Washington, DC, 2020.

Santoro, F. et al.: Ocean Literacy for all: a toolkit. IOC UNESCO, 2018.

◆第 1 章

Eakins, B. W. and Sharman, G. F.: Hypsographic Curve of Earth's Surface from ETOPO1. NOAA National Geophysical Data Center, 2012.

Faure, G.: Principles and Application of Inorganic Geochemistry. Macmillan, 1991.

Herdman, W. A. Sir: Founders of Oceanography and Their Work: An Introduction to the Science of the Sea. Edward Arnold & Co., 1923.

IHO-IOC: Standardization of Undersea Feature Names, 3rd edition B-6. International Hydrographic Bureau, 2001.

Kearey, P., Brooks, M. and Hill, I.: An Introduction to Geophysical Exploration, 3rd edition. Blackwell Science, 2002.

アルフレッド・ウェゲナー（著），竹内　均（訳・解説）：大陸と海洋の起源，講談社ブルーバックス，2020.

◆第 2 章

Barale, V., Gower, J. F. R. and Alberotanza, L. (eds.): Oceanography from Space: Revisited. Springer, 2010.

IPCC: Climate Change 2013: The Physical Science Basis. Contribution of Working Group I to the Fifth

Assessment Report of the Intergovernmental Panel on Climate Change. Cambridge UP, 2013.

◆第 3 章

Halliday, A. N.: Earth science in the beginning. Nature, **409**, 144-145, 2001.

Takashima, R. et al.: Greenhouse world and the Mesozoic Ocean. Oceanography, **19**, 82-92, 2006.

Wilde, S. A. et al.: Evidence from detrital zircons for the existence of continental crust and oceans on the Earth 4.4 Gyr ago. Nature, **409**, 175-178, 2001.

◆第 4 章

Montero-Serra, I. et al.: Strong linkages between depth, longevity and demographic stability across marine sessile species. The Royal Society, 2018.

Nielsen J. et al.: Eye lens radiocarbon reveals centuries of longevity in the Greenland shark (Somniosus microcephalus), Science, **353**, 702-704, 2016.

Pride, I. G.: Deep-sea Fishes: Biology, Diversity, Ecology and Fisheries. Cambridge UP, 2017.

Randall, D. J. and Farrell, A. P. (eds.): Deep Sea Fishes, Volume 16 (Fish Physiology). Academic Press, 1997.

Treaster, S. et al.: Convergent genomics of longevity in rockfishes highlights the genetics of human life span variation. Sci. Adv. **9**, 2023.

中坊徹次（編）：日本産魚類検索：全種の同定第二版．東海大出版会，2000.

藤倉克則・丸山　正・奥谷喬司（編著）：潜水調査船が観た深海生物深海生物研究の現在．東海大学出版会，2008.

尼岡邦夫：深海魚暗黒街のモンスターたち．ブックマン社，2009.

◆第 5 章

Hanebuth, T., Stattegger, K. and Grootes, P. M.: Rapid flooding of the Sunda shelf: A late-glacial sea level record. Science, **288**, 1033-1035, 2000.

Intergovernmental Oceanographic Commission: One planet, one ocean: the Intergovernmental Oceanographic Commission of UNESCO, 2017.

Jones, E. J. W.: Marine Geophysics. John Wiley & Sons, 1999.

Micallef, A. , Krastel, S. and Savini, A. (eds) : Submarine Geomorphology. Springer, 2018.

NHK スペシャル「日本人」プロジェクト（編）：NHK スペシャル日本人はるかな旅 1. マンモスハンター，シベリアからの旅立ち．日本放送出版協会，2001.

NHK スペシャル「日本人」プロジェクト（編）：NHK スペシャル日本人はるかな旅 2. 巨大噴火に消えた黒潮の民．日本放送出版協会，2001.

NHK スペシャル「日本人」プロジェクト：NHK スペシャル日本人はるかな旅 DVDBOX. エイベックス・トラックス，2002.

Scarre, C. (ed.) : Past Worlds: Atlas of Archaeology. Harper Collins, 2003.

Seidel, D. J. et al.: Widening of tropical belt in a changing climate. Nature Geoscience, **1**, 21-24, 2008.

Soares, P, et al.: Climate change and postglacial human dispersals in Southeast Asia. Mol. Biol. Evol., **25**, 1209-1218, 2008.

Sturridge, C.: Longitude: The time-spanning high sea epic. DVD A&E Home Video, 2000.

ケン・オールダー（著），吉田三知世（訳）：万物の尺度を求めてメートル法を定めた子午線大計画．早川書房，2006.

ジョン・ターク（著），森　夏樹（訳）：縄文人は太平洋を渡ったかカヤック 3000 マイル航海記．青土社，2006.

テレビ東京（編）：海を越えた縄文人—日本列島から太平洋ルートで南米まで 1 万 6000 キロの壮大な旅．祥伝社，1999.

横瀬久芳：ジパングの海資源大国ニッポンへの道．講談社，2014.

笈川博一：コロンブスは何を発見したか. 講談社, 1992.

溝口優司：アフリカで誕生した人類が日本人になるまで. SB クリエイティブ, 2011.

新東晃一：南九州に栄えた縄文文化・上野原遺跡新泉社, 2006.

前田良一：縄文人はるかなる旅路. 日本経済新聞出版社, 2007.

田代　博・星野　朗（編）：地図のことがわかる事典. 日本実業出版社, 2000.

◆第 6 章

Carson, R.: Silent Spring. Houghton Mifflin, 1994.

Crutzen, P. J.: Geology of mankind. Nature, **415**, 2002.

Diamond, J.: Collapse: How Societies Choose to Fail or Succeed. Viking Press, 2005.

Diamond, J.: Easter Island revisited. Science, **317**, 1692-1694, 2007.

Hardin, G.: The tragedy of the commons: The population problem has no technical solution; it requires a fundamental extension in morality. Science, **162**, 1243-1248, 1968.

Hoornweg, D., Bhada-Tata, P. and Kennedy, C.: Environment: Waste production must peak this century. Nature, **502**, 615-617, 2013.

Hunt, T.: Rethinking the fall of Easter Island: New evidence points to an alternative explanation for a civilization's collapse. American Scientist, **94**, 412-419, 2006.

Jambeck, J. R. et al.: Plastic waste inputs from land into ocean. Science, **347**, 768-771, 2015.

Kotzé, L. J. and Kim, R. E.: Chapter 6 Planetary Integrity: in The Political Impact of the Sustainable Development Goals: Transforming Governance by Global Goals? Cambridge UP, 2022.

Mason, R. P. et al.: Mercury biogeochemical cycling in the ocean and policy implications. Environmental Research, **119**, 101-117, 2012.

Persson, P. et al.: Outside the Safe Operating Space of the Planetary Boundary for Novel Entities. Environ. Sci. Technol., **56**, 1510-1521, 2022.

Ponting, C.: A New Green History of the World: The Environment and the Collapse of Great Civilizations. Vintage Books, 2007.

Robb, L.: Introduction to Ore-Forming Processes. Wiley-Blackwell, 2004.

Steffen, W. et al.: Planetary boundaries: Guiding human development on a changing planet. Science, **347**, 2015.

Takahashi, E. et al.: Hawaiian Volcanoes: Deep Underwater Perspective. Geophysical Monograph, **128**, 2002.

United Nations: Report of the United Nations conference on the Human environment. United Nation, Stockholm, 1972.

United Nations: Resolution adopted by the General Assembly on 6 July 2017, Work of the Statistical Commission pertaining to the 2030 Agenda for Sustainable Development.

van Sebille, E., England, M. H. and Froyland, G.: Origin, dynamics and evolution of ocean garbage patches from observed surface drifters. Environ. Res. Lett., **7**, 044040, 2012.

Worm, B. et al.: Impacts of biodiversity loss on ocean ecosystem services. Science, **314**, 787-790, 2006.

石牟礼道子：苦海浄土：わが水俣病. 講談社文庫, 2004.

横瀬久芳：面積あたり GDP 世界一位のニッポン：地震と火山が作る日本列島の実力. 講談社 + α, 2016.

小松正之：これから食えなくなる魚. 幻冬舎, 2007.

太田博巳 ほか：うなぎ [謎の生物]. 築地書館, 2012.

片野　歩：魚はどこに消えた？ ―崖っぷち, 日本の水産業を救う. ウエッジ, 2013.

索　　引

著者略歴

横瀬久芳（よこせひさよし）

1960 年　新潟県に生まれる
1990 年　岡山大学大学院自然科学研究科博士後期課程修了
現　在　熊本大学大学院先端科学研究部基礎科学部門地球環境科学分野准教授
　　　　学術博士
著　書　『ジパングの海—資源大国ニッポンへの道』（講談社＋α新書，2014）
　　　　『はじめて学ぶ海洋学』（朝倉書店，2015）
　　　　『面積あたり GDP 世界 1 位のニッポン—地震と火山が作る日本列島の実
　　　　力』（講談社＋α新書，2016）
監　修　『平成 28 年熊本地震—その記録と地質学的にみたメカニズム　DVD』
　　　　（RKK 熊本放送，2017）

これからの海洋学
　—水の惑星のリテラシー—　　　　　　　　　　定価はカバーに表示

2023 年 9 月 1 日　初版第 1 刷

著　者　横　瀬　久　芳
発行者　朝　倉　誠　造
発行所　株式会社　朝　倉　書　店
　　　　東京都新宿区新小川町 6-29
　　　　郵 便 番 号　162-8707
　　　　電　話　03（3260）0141
　　　　FAX　03（3260）0180
　　　　https://www.asakura.co.jp

〈検印省略〉

ⓒ 2023〈無断複写・転載を禁ず〉　　　　　シナノ印刷・牧製本

ISBN 978-4-254-16081-9　　C 3044　　　　Printed in Japan